Kaggle

大師教您用

Python

玩資料科學，比賽拿獎金

針對想要挑戰 Kaggle 的入門者所寫的一本書！

・本書編寫時的電腦環境如下：

macOS High Sierra version 10.13.6

Python 3.6

本書介紹的範例程式、指令檔、執行結果、輸出結果都基於上述環境，所以請恕作者與出版社不對使用本書所產生的結果與無法產生的結果負責。

・本書介紹的資訊皆為 2019 年 11 月的最新資訊，Kaggle 的網站構造則支援 2020 年 2 月的變更。

・本書介紹的網站有可能未經預告改變。

・本書介紹的公司名稱、產品名稱、服務名稱皆是各家公司的商標或註冊商標。此外，本書將省略 TM、®、© 這類符號不記。

前言

本書特色

本書是利用程式設計語言「Python」[1] 參加機器學習競賽「Kaggle」[2] 的入門書。一開始先以適合初學者學習的「Titanic：Machine Learning from Disater」競賽[3]（Titanic）學習 Kaggle 的基礎。從中除了可學習實踐 Titanic 的方法，還能掌握自行參加競賽所需的知識。

本書具有以下六點特色：

> 1. 為了 Kaggle 撰寫的習作教學書籍。
> 2. 每一章或每一節都有具體的主題，可讓讀者按部就班地掌握需要的知識。
> 3. 解說各種表單、圖片檔、文字檔的操作方法，作為進入下一個競賽的指引。
> 4. 兩位執筆者都擁有「Kaggle Master」的稱號，也有贏得獎金的經驗。
> 5. 除了說明之外，還有兩位筆者的對談，從不同的角度介紹 Kaggle 的魅力。
> 6. 會為程式設計與 Python 的初學者詳細講解範例程式。

兩位筆者都有撰寫 Kaggle 入門內容的經驗。

2019 年 3 月，筆者（石原）在「Qiita」[4] 這個工程師文章共享網站公開了 Kaggle 入門文章「註冊 Kaggle 之後，接下來要做的事～光是這些就很值得一戰！Titanic 的入門 10 Kernel ～」[5]。該文章超過 1600 個讚，在 Qiita 網站有「Kaggle」標籤的文章裡，是得到最多讚的文章[6]。

---

[1] Welcome to Python.org
https://www.python.org/ (Accessed: 30 November 2019).

[2] Kaggle: Your Home for Data Science
https://www.kaggle.com/ (Accessed: 30 November 2019).

[3] Titanic: Machine Learning from Disaster
https://www.kaggle.com/c/titanic (Accessed: 30 November 2019).

[4] Qiita
https://qiita.com/ (Accessed: 30 November 2019).

[5] Kaggle に登録したら次にやること ～ これだけやれば十分闘える！Titanic の先へ行く入門 10 Kernel ～
https://qiita.com/upura/items/3c10ff6fed4e7c3d70f0 (Accessed: 30 November 2019).

[6] Kaggle - Qiita
https://qiita.com/tags/kaggle (Accessed: 30 November 2019).

2018 年 4 月，筆者（村田）出版了《Kaggle のチュートリアル》[7]。在內容分享網站「note」銷售的這本書共賣出 2500 本以上。

本書將以上述這兩種內容為主，並且另外補充各種內容，主要的目的是讓本書成為「**Kaggle 初學者必讀的入門書**」。

筆者（石原）是資料科學家，另一位筆者（村田）則是「**專業 Kaggler**」，平日就不斷應用機器學習的資料科學。兩位筆者根據己身經驗，將本書寫成了解 Kaggle 樂趣，又能學到實用、通用知識的內容。

本書的內容皆根據 2019 年 11 月的資訊寫成。Kaggle 的網站構造則支援 2020 年 2 月的變更。

本書的目標讀者

本書的目標讀者如下：

1 對 Kaggle 有興趣，但不知該從何開始的人。
2 有自行摸索的經驗，但想以系統化的方式學習 Kaggle 的人。
3 想一邊動手做，一邊了解機器學習概要的人。
4 對 Python 或機器學習有一定程度了解，但第一次面對 Kaggle 的人。

尤其前兩者更是本書訴求的目標讀者。

本書會以章或節為單位，帶領大家按部就班地學習 Kaggle 的精華，也會以 Titanic 這個具體的主題，帶領大家系統性地掌握相關知識。

初學者有可能會遇到「不懂機器學習」、「不懂 Python」、「不了解 Kaggle 的機制」、「很難讀懂英文的內容」這些障礙。

本書除了在內文說明 Kaggle 所需的基礎知識，也會透過附錄或補充說明，方便每個人參考，例如會在附錄詳細解說範例程式。本書也會隨時插入「note」這些補充以及解說英文 Kaggle 網頁的內容。

本書不需要具備 Kaggle 或機器學習的背景知識就能閱讀。Kaggle 是自行撰寫程式以及一邊參加競賽，一邊學習機器學習相關知識的平台，所以想一邊動手做，一邊了解機器學習概要的人，也非常適合閱讀本書。

---

[7] 村田秀樹『Kaggleのチュートリアル』
https://note.mu/currypurin/n/nf390914c721e (Accessed: 30 November 2019).

內文僅 150 頁，算是能快速讀完的份量。對 Python 或機器學習有一定程度了解的人，可以只閱讀內文，快速了解 Kaggle 的機制。

每位讀者應該都能根據自身的知識與經驗應用本書的內容。

本書的架構

本書大致分成 1～4 章的內文與附錄。

第 1 章會先介紹 Kaggle 的概要。一開始先介紹「Kaggle 是何物」，說明得先了解的機器學習概論，同時也會介紹註冊與登入 Kaggle 的方法，以及不需要事先建立環境就能使用的分析環境該如何使用。

第 2 章要介紹 Titanic。本章共由 8 個節組成，可以一邊提升分數，一邊學習 Kaggle 的精華。

第 3 章的主題是「往 Titanic 的下個階段前進」，介紹未於 Titanic 登場的 Kaggle 元素。這部分可幫助大家了解，如何憑一己之力參加正在舉辦的競賽。本章由 3 個節組成，從中可學習多個表單、圖片檔、文字檔的操作方式。

第 4 章是內文的總結，主要是介紹讀完本書之後，可能會需要的相關資訊。其中會說明適合初學者的競賽以及參賽方式，還介紹分析環境的相關資訊與有用的資料。

附錄則會詳細介紹本書的程式碼，同時為了程式設計與 Python 的初學者介紹變數、列表這類程式設計的基礎內容。

範例程式

本書的範例程式已於下列的「GitHub」[8] 公開。GitHub 主要是工程師分享程式碼的網站。

`https://github.com/upura/python-kaggle-start-book`

同樣的範例程式也於 Kaggle 上傳了。細節的部分請於 GitHub 確認。

範例程式可在 Python 3.6 版執行與確認。

執行 Python 的環境為「Docker」[9]。關於建構環境的方法將於 1.5 節說明。

---

[8] GitHub
http://github.com (Accessed: 30 November 2019).

[9] Docker: Enterprise Container Platform
https://www.docker.com/ (Accessed: 30 November 2019).

Kaggle 提供的分析環境雖然會隨時更新，但本書採用的是有「v68」這個標籤的版本[10]。主要套件的版本如下：

- lightgbm==2.3.0
- matplotlib==3.0.3
- numpy==1.16.4
- pandas==0.25.2
- scikit-learn==0.21.3

作者介紹

石原　祥太郎 (u++)

- Kaggle Master（https://kaggle.com/sishihara）．
- 2019 年 4 月於「PetFinder.my Adoption Prediction」競賽[11] 獲得冠軍。
- 2019 年 12 月協助舉辦「Kaggle Days Tokyo」[12] 的競賽。
- 2019 年 3 月在 Qiita 公開的 Kaggle 入門文章得到 1600 個讚[5]。
- 於日本經濟新聞社從事資料分析[13]。

村田　秀樹 (咖哩)

- Kaggle Master（https://kaggle.com/currypurin）．
- 2018 年 8 月於「Santander Value Prediction Challenge」競賽[14] 得到 solo gold medal（第 8 名）。
- 2019 年 6 月於「LANL Earthquake Prediction」競賽[15] 得到第三名。
- 為了 Kaggle 初學者所寫的同人誌《Kaggle 的習作》[7] 累計賣出 2500 本。
- 從 2018 年 7 月開始成為專職 Kaggler。

---

[10] Container Registry - Google Cloud Platform
https://console.cloud.google.com/gcr/images/kaggle-images/GLOBAL/python (Accessed: 30 November 2019).

[11] PetFinder.my Adoption Prediction
https://www.kaggle.com/c/petfinder-adoption-prediction (Accessed: 30 November 2019).

[12] Kaggle Days Tokyo
https://kaggledays.com/tokyo/ (Accessed: 30 November 2019).

[13] 機械学習を用いた日経電子版 Pro のユーザ分析　データドリブンチームの知られざる取り組み
https://logmi.jp/tech/articles/321077 (Accessed: 30 November 2019).

[14] Santander Value Prediction Challenge
https://www.kaggle.com/c/santander-value-prediction-challenge (Accessed: 30 November 2019).

[15] LANL Earthquake Prediction
https://www.kaggle.com/c/LANL-Earthquake-Prediction (Accessed: 30 November 2019).

目 錄

第 1 章　了解 Kaggle　　　　　　　　　　　　　　11

第 2 章　著手進行 Titanic　　　　　　　　　　　　39

第 3 章　往 Titanic 的下個階段前進　　115

第 4 章　為了進一步學習　　141

附 A 錄　範例程式碼詳細解說　　　161

第 **1** 章

了解 Kaggle

本章要帶大家認識 Kaggle。一開始會先說明 Kaggle 的機制，
接著粗略地介紹設定機器學習問題的方法，同時也介紹如何於
Kaggle 註冊與登入的方法，以及不需另行建置環境的分析環境
的使用方法。

本章內容

1.1

何謂 Kaggle

Kaggle 是資料科學家、機器學習工程師的線上社群,常會舉辦各種競賽,供全世界的參賽者比拼機器學習模型的性能,也提供執行程式設計語言「Python」或「R」[16] 的「Notebooks」環境。這個社群有許多公開的程式碼,相關的討論也非常熱絡,所以不管你是初學者還是專家,這裡可說是最適合學習機器學習的平台。

Kaggle 的競賽概要請參考圖 1.1,主要的流程如下:

1　企業提供資料與獎金的企業委託 Kaggle 舉辦競賽,由 Kaggle 進行籌辦。

2　參賽者可在分析資料後,submit(提交)預測結果,預測結果也會自動接受評分。

3　競賽期間(一般都是為期 2 ～ 3 個月),參賽者可不斷 submit 預測結果,確認最終分數。

4　競賽結束後,將由高至低排序分數,前段班的參賽者可得到獎金與獎牌。

5　若是得到一定數量的獎牌,可獲得高階的稱號。

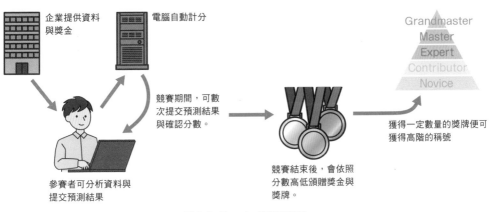

圖 1.1　Kaggle 的競賽概要

---

〔16〕　R: The R Project for Statistical Computing
https://www.r-project.org/ (Accessed: 30 November 2019).

參賽者不需要自行準備資料，一旦闖進前幾名就能賺到獎金，名次不佳也不會受到任何處罰。之所以針對提交的預測結果計分與排名，為的是讓參賽者能像闖關般，提升自己的名次，享受學習機器學習的過程。

註冊帳號後，會先得到「Novice」（初學者）的稱號，等到在特定的競賽收集到一定數量的獎牌，就能獲得 Expert、Master、Grandmaster 這些高階的稱號，這些稱號也是讓參賽者想要贏得競賽的動力。

贏得獎金與稱號的條件

若在 Kaggle 的獎牌競賽闖進前幾名就能獲得獎牌。可獲得獎牌的名次會依照參賽隊伍的多寡調整，請參考圖 1.2 說明 [17]。

		0～99 隊	100～249 隊	250～999 隊	1000 隊～
銅牌		前40%	前40%	前100 隊	前10%
銀牌		前20%	前20%	前50 隊	前5%
金牌		前10%	前10 隊	前10 隊＋0.2%	前10 隊＋0.2%

圖 1.2　參賽隊伍數與獎牌順位的相關性

贏得金牌的條件「前 10 隊 +0.2%」的 0.2% 是指每 500 隊就會多增加一個獲得金牌的參賽隊伍，換言之，若有 1000 隊參賽，前 12 名的隊伍都能贏得金牌，若有 2000 隊參賽，則前 14 名的隊伍都能贏得金牌。

收集到一定數量的獎牌可贏得稱號，贏取方式請參考圖 1.3 [17]

稱號	贏取稱號的條件
Grandmaster	金牌 5 個、其中必須有一個是個人獎牌（Solo）
Master	金牌 1 個、銀牌 2 個
Expert	銅牌 2 個
Contributor	完成個人檔案（細節請參考下列說明）
Novice	於 Kaggle 註冊

圖 1.3　Competitions（競賽）的各稱號贏取條件

Contributor 的贏取條件如下：

- 在個人檔案新增的 bio（自我介紹）、居住地點、職業與隸屬組織

- 完成帳號的 SMS 認證

- 執行指令檔

- 在競賽提交預測結果

- 在 Notebooks 或 Discussion 留言或 upvote（按讚）

要成為 Contributor 不需贏得獎牌，只要完成上述條件，就能立刻成為 Contributor。

所以要贏取的第一個稱號就是 Expert。成為 Expert 的條件是獲得兩個以上的銅牌。

下一階段稱號是 Master。這是必須獲得金牌才能贏取的稱號，目前全世界只有 1300 位得主。

Kaggle 的最高階稱號為 Grandmaster。除了必須獲得五面金牌，其中一面必須是「Solo」（個人），這是非常難以贏取的稱號，全世界只有 170 位。

到目前為止說明了 Competitions 的稱號，但其實還有 Notebooks、Discussion、Datasets 的稱號。這些稱號的概要如下：

- 在公開的 Notebook 的 upvote 達一定數量後可獲得獎牌，收集到一定數量的這類獎牌，便可得到 Notebooks 這個稱號。

- 在投稿的留言的 upvote 達一定數量可獲得獎牌，收集到一定數量的這類獎牌便可得到 Discussion 這個稱號。

- 在公開的 Dataset 的 upvote 達一定數量可獲得獎牌，收集到一定數量的這類獎牌便可得到 Datasets 這個稱號。

細節請參考官方網站 [17] 或筆者（村田）的部落格文章 [18]。

---

〔17〕 Kaggle Progression System
https://www.kaggle.com/progression (Accessed: 30 November 2019).

〔18〕 調查 Kaggle 的 Grandmaster 或 master 的條件與人數之後，根據調查結果整理而成的文章。
http://www.currypurin.com/entry/2018/02/21/011316 (Accessed: 30 November 2019).

非 Kaggle 的機器學習競賽

除了 Kaggle 之外，還有許多舉辦機器學習競賽的平台。

例如「SIGNATE」[19] 就是全日本規模最大的資料科學家線上社群。日本國內的企業、官方、研究機關都會舉辦競賽。但其網站內容皆為日文。

除了線上社群之外，有些競賽則是邀請參賽者趁著例假日親臨會場參加。最近有許多企業舉辦這類「離線競賽」，尤其以徵求人才為前提，以學生為主要對象的活動更是受到不少青睞。

本書的主題雖然是國際最知名的 Kaggle，但多了解上述的機器學習競賽，未來有機會也能試著參加看看。

---

〔19〕 SIGNATE
https://signate.jp/ (Accessed: 30 November 2019).

1.2

於 Kaggle 使用的機器學習

各參賽者在 Kaggle 比拼的是機器學習模型的性能，本節也將為大家解說 Kaggle 期待的機器學習是何種樣貌。

機器學習是「讓電腦獲得人類學習能力的技術的總稱」[20]。近年來備受注目的「人工智慧（AI）」技術正是機器學習之一的技術。

機器學習的學習方式主要分成三大類，而 Kaggle 的主要課題多與第一種的「監督式學習」有關。

- 監督式學習
- 非監督式學習
- 強化式學習

所謂監督式學習指的是先告訴電腦多組題目與答案，讓電腦在經過學習後，能正確回答其他沒學過的題目[20]。簡單來說就是讓電腦依照圖 1.4 所示，學習題目（X_train）與答案（y_train）的相關性，再讓電腦根據「X_test」推測對應的值（y_test）。

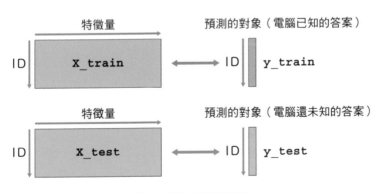

圖 1.4 監督式學習的概要

---

[20] 杉山將，《イラストで学ぶ 機械学習》，講談社，2013

這項技術已應用於多種日常生活中，例如排除垃圾郵件就是其中一種。以監督式學習排除垃圾郵件時，可使用過去的「郵件資訊（例如內容或寄件人）」與「這是否為垃圾郵件」的資料。讓電腦根據上述的資料學習後，就能判斷新郵件是否為垃圾郵件。

由於是從一組組題目與答案學習題目與答案的相關性，所以出現了許多學習手法（機器學習演算法）（圖 1.5）。在近年來發展神速的「深度學習（Deep Learning）就是機器學習演算法的一種。

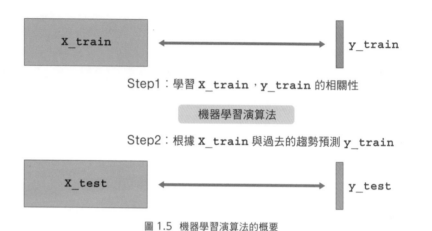

圖 1.5　機器學習演算法的概要

Kaggle 會提供下列的資訊，讓參賽者以監督式學習的方式盡可能提升機器學習模型的預測精確度。

- 要解決的課題

- 課題的評分方式

- 學習所需的資料集（題目 X_train 與答案 y_train）

- 評估模型性能的資料集（只有題目 X_test）

若以鐵達尼號（Titanic）來比喻，要解決的課題就是「預測鐵達尼號每位乘客是否能倖存」，課題的評分方式則是「正確率」。資料集的內容則是「與乘客有關的資訊」（例如姓名、性別、艙等）。

> **note　機器學習的「非監督式學習」與「強化學習」**
>
> 在此為大家簡述剛剛沒介紹的「非監督式學習」與「強化式學習」
>
> **■ 非監督式學習**
>
> 非監督式學習就是從不知道答案的資料集找出實用知識的手段[20]。這世上沒有答案（正確解答標籤）的資料遠比有正確答案的資料來得多，所以實務上也比較傾向使用非監督式學習。具體手法之一就是「集群」（Clustering）。
>
> **■ 強化式學習**
>
> 強化式學習與監督式學習目標一樣，都是希望電腦能正確推測未知的資訊，但不同之處在於不直接告訴電腦答案，而是評估預測的優劣，藉此不斷提升預測結果的品質[20]。
>
> 以圍棋為例，我們很難根據現在的盤面斷言「下哪一步才是神之一手」，因為後續的變數非常多，但我們卻能根據「下了某一步，結果贏了／輸了」這種最終的結果學習「在什麼盤面下，該下哪一手」的戰略。強化式學習的思維就是如此，也就是告訴電腦預測的優劣，讓電腦不斷學習，提升預測結果的品質。

1.3

建立 Kaggle 的帳號

本節要介紹如何建立 Kaggle 的帳號。

請先瀏覽 Kaggle 的首頁（圖 1.6）。

```
https://www.kaggle.com/
```

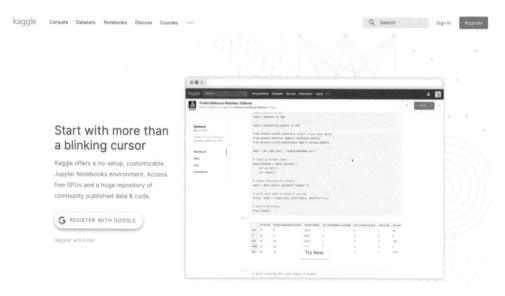

圖 1.6　Kaggle 的首頁（登入前）

要建立 Kaggle 的帳號需要有 Google 的帳號或電子郵件信箱。若打算以 Google 帳號建立，可點選「REGISTER WITH GOOGLE」，若要利用電子郵件信箱建立，可點選「Register with Email」。

建立帳號時，會需要輸入「Username」，這個 ID 會於 Kaggle 的個人檔案頁面的 URL 使用，後續無法修改，所以最好想清楚再輸入。

1
了解 Kaggle

2
著手進行 Titanic

3
往 Titanic 的下個階段前進

4
為了進一步學習

A
參閱原文論壇解說

note　登入之後的首頁

登入 Kaggle 與瀏覽首頁之後，會顯示圖 1.7 的畫面。

圖 1.7　Kaggle 的首頁（登入之後）

「Newsfeed」會有許多使用者自訂的資訊，例如追蹤的使用者所公開的 Notebook 或 Discussion，都會在這個頁面顯示。

右側的個人 ID 與圖示的欄位顯示了獲得下個稱號之前的進度，點選右側即可顯示獲得稱號的條件。

下方的「Your Competions」、「Your Datasets」、「Your Notebooks」則是參加中的競賽、個人的資料集與 Notebook。

1.4

Competitions 頁面的概要

從位於首頁左側的「Compete」進入競賽清單（圖 1.8）。

Digit Recognizer
Learn computer vision fundamentals with the famous MNIST data
Getting Started · Ongoing · 2373 Teams
Knowledge

Titanic: Machine Learning from Disaster
Start here! Predict survival on the Titanic and get familiar with ML basics
Getting Started · Ongoing · 16342 Teams
Knowledge

House Prices: Advanced Regression Techniques
Predict sales prices and practice feature engineering, RFs, and gradient boosting
Getting Started · Ongoing · 4744 Teams
Knowledge

圖 1.8　Competitions 頁面

「Competitions」頁面會列出正在舉辦與已經結束的競賽，其中包含競賽的名稱以及參賽隊伍數這類資訊。讓我們從這個頁面進入本書要介紹的 Titanic 吧！

要參加競賽只需點選右上角的「Join Competition」按鈕（圖 1.9）。

接著會顯示詢問是否同意規則的畫面（圖 1.10）。確認「Rules」的內容後，同意就點選「I Understand and Accept」。

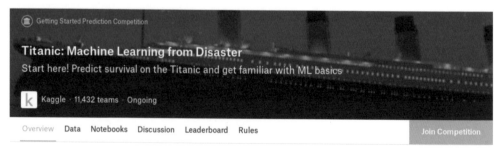

圖 1.9　同意規則之前的畫面

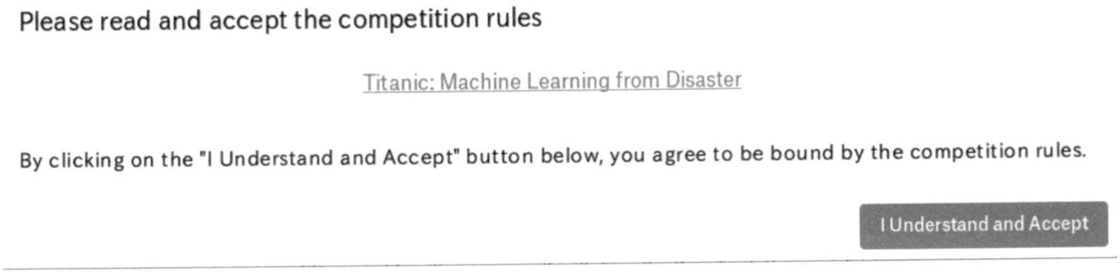

Please read and accept the competition rules

Titanic: Machine Learning from Disaster

By clicking on the "I Understand and Accept" button below, you agree to be bound by the competition rules.

I Understand and Accept

圖 1.10 同意規則的畫面

note

競賽的規則

Titanic 是「Getting Started Prediction Competition」類型的競賽。

這是適合剛進入 Kaggle 這個平台的人參加的競賽，定位相對特殊，規則也較為寬鬆，例如每天只能 submit 幾次的這類規則。

- 一個人只能用一個帳號 submit，不能利用多個帳號 submit

- 禁止「Private Sharing」，不能與團隊成員以外的人分享程式碼

- submit 的次數有上限（大部分的競賽都規定 submit 的次數為 2 ～ 5 次）

- 團隊人數有上限（最近最多五人的競賽較多）

- 團隊合併時，全員的 submit 次數必須低於「每天最高 submit 次數 × 競賽開始之後的天數」

每種競賽的規則都不同，參賽時，請務必仔細確認後再按下同意規則。

同意規則之後，會顯示下列的畫面（圖 1.11）。這些標籤為表 1.1 的內容。

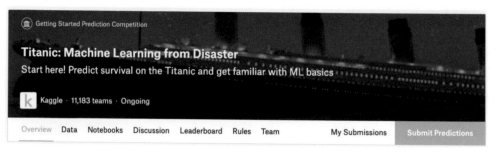

圖 1.11　同意規則之後的畫面

表 1.1　競賽頁面的內容

項目	內容
Overview	競賽概要、評估指標、是否能獲得獎牌的這類說明
Data	競賽資料的說明
Notebooks	公開 Notebook 的清單、建立 Notebook
Discussion	競賽的公佈欄
Leaderboard	競賽的排行榜
Rules	競賽的規則
Team	變更團隊名稱與建立團隊合併列表
My Submissions	自己的 submit 結果的清單
Submit Predictions	於自己電腦製作的 csv 檔案的 submit

note

Overview

Overview 有競賽概要與評估指標這類資訊，其中有許多在參賽時的注意事項，建議大家參賽時要先確認清楚。

■ Description

Description 為競賽目的與主辦者思考的問題。參賽時，了解競賽主辦者是為了解決什麼問題才舉辦，才有助於建立優質的模型。

■ Evaluation

Evaluation 有評估指標與 submit 的 csv 檔案格式。

每個競賽都會以不同的評估指標評分，或是規定 submit 時該使用何種格式的 csv 檔案，所以參賽者必須先確認這個頁面的內容，再依照評估指標建立模型與 csv 檔案，有些競賽甚至不接受 csv 檔案。

■ Timeline

Timeline 會顯示下一個期限。

- Entry deadline
  同意規則的期限。要參加競賽就必須在這個期限之前同意規則。

- Team merger deadline
  團隊合併的期限，通常會設定為 Final submission deadline 一週前的日期。

- Final submission deadline
  submit 的最終期限。

時區的格式通常為 UTC（世界協調時間）。若要轉換成台灣時間，通常要在 UTC 的時間加上 8 小時，假設期限為 UTC 格式的 24 點，那麼台灣時間就是隔天早上 8 點。

■ Prizes

Pizes 會記載有幾隊可以得獎以及獎金金額。

Titanic 被定位成 Kaggle 新手的競賽，所以沒有 Timeline 與 Prizes，但有 Tutorials 與 Frequently Asked Questions 這類項目。

Team

Team 可設定團隊名稱、瀏覽團隊成員、設定團隊負責人，邀請團隊成員、瀏覽邀請名單、瀏覽被哪些團隊邀請的名單（圖 1.12）。

Manage Team

Team Name

currypurin　　　Save Team Name

This name will appear on your team's leaderboard position.

Team Members

currypurin (you)　　　　　　　　Leader

Invite Others

⩢ **Merge with other teams or invite users to your team by their team name**

Team Name

Request Merge

Pending Merge Requests

You currently have no pending merge requests.

Teams Proposing a Merge

There are currently no teams proposing a merge with yours.

圖 1.12　Team 頁面

1.5

不需另行建置環境的「Notebooks」的使用方法

Kaggle 內建了可在瀏覽器執行 Python 或 R 的 Notebooks 環境。這個環境內建了機器學習所需的各種套件，所以初學者能省去建置環境的麻煩。

也可使用 GPU，所以能自由使用比一般筆記型電腦更優越的性能。

1.5.1　建立 Notebook

要建立新的 Notebook 可先選擇 Notebooks 頁籤再點選「New Notebook」。接著就會進入圖 1.13 選擇語言與類型的畫面。

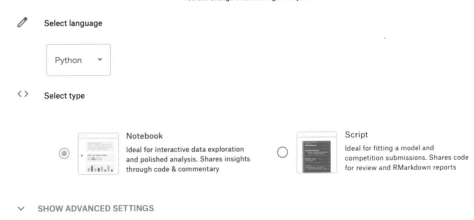

圖 1.13　選擇 Notebook 的語言與類型

本書要使用 Python 與 Notebook，所以直接點選「Create」沿用預設值即可。

Notebook 建置完成後，會顯示圖 1.14 的畫面。點選上方的「Draft Session」、「HDD」、「CPU」、「RAM」即可顯示 Notebook 使用了多久、Disk 的使用量、CPU 與記憶體的使用率。只要在這些數值的範圍皆可自由使用。

右下角的「Settings」會顯示這個 Notebook 的設定，也可變更這個設定。Settings 的主要設定項目請參考表 1.2。

圖 1.14　Notebook 的作業畫面

表 1.2　Settings 的主要設定項目

項目	內容
Sharing	Notebook 的公開設定。若只限自己瀏覽可設定為「Private」，若想向所有人公開可設定為「Public」
Language	選擇於 Notebook 使用的程式語言。有 Python 與 R 這兩種選項
Internet	是否與網路連線。若設定為「是」，可進行安裝套件這類需要透過網路才能完成的處理
Accelerator	可選擇是否使用 GPU、TPU

1.5.2　執行程式碼

讓我們試著在 Notebook 執行 Python 的程式碼。Notebook 的程式碼是以「Cell」為單位，每次都能只執行某個「Cell」。

要執行程式碼可點選 Cell 左側的三角形，也可先啟動 Cell，再按下「Shift + Enter」快速鍵。

讓我們試著執行預設的程式碼。

這個程式碼會列出「/kaggle/input」裡的檔案，總共有「gender_submission. csv」、「test.csv」、「train.csv」這三個 csv 檔案（圖 1.15）。

```
# This Python 3 environment comes with many helpful analytics libraries installed
# It is defined by the kaggle/python docker image: https://github.com/kaggle/docker-python
# For example, here's several helpful packages to load in

import numpy as np # linear algebra
import pandas as pd # data processing, CSV file I/O (e.g. pd.read_csv)

# Input data files are available in the "../input/" directory.
# For example, running this (by clicking run or pressing Shift+Enter) will list all files under the input direct

import os
for dirname, _, filenames in os.walk('/kaggle/input'):
    for filename in filenames:
        print(os.path.join(dirname, filename))

# Any results you write to the current directory are saved as output.
```

```
/kaggle/input/titanic/gender_submission.csv
/kaggle/input/titanic/test.csv
/kaggle/input/titanic/train.csv
```

圖 1.15　列出檔案

要新增 cell 可點選「+Code」或「+Markdown」（圖 1.16）。點選「+Code」可新增撰寫程式碼所需的 Cell。點選「+Markdown」可新增記載說明內容所需的 Cell。

圖 1.16　新增 Code Cell 或 Markdown Cell

試著點選「+Code」新增 Cell，再如圖 1.17 輸入「!pwd」。

```
!pwd
```

```
/kaggle/working
```

圖 1.17　顯示作業資料夾

這是顯示目前作業資料夾的命令，結果會顯示「/kaggle/working」這個資料夾。

Titanic 的資料夾結構請參考圖 1.18。

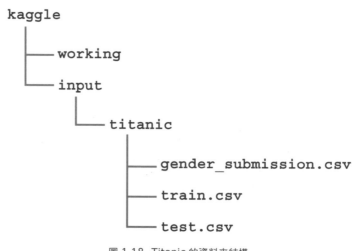

圖 1.18　Titanic 的資料夾結構

要從現在的作業資料夾匯入「/kaggle/input/titanic/train.csv」，可利用下列的程式碼。「../」代表的是上層資料夾。

```
1: pd.read_csv('../input/titanic/train.csv')
```

執行上述的程式碼即可載入機器學習所需的資料集 train.csv。

接著新增 Code Cell，再試著輸入與執行「1＋2」，應該會顯示「3」這個計算結果（圖 1.19）。

由上可知，Notebook 執行程式碼的時候是以 Cell 為單位，也可以一邊確認結果，一邊撰寫程式碼，初學者也能輕易使用。

圖 1.19　簡單的計算

1.5.3 公開的 Notebook 的使用方法

Kaggle 可複製別人公開的 Notebook，當成自己的 Notebook 使用。讓我們試著使用本書公開的 Notebook 的程式碼吧！

請先存取 2.1 節使用的 Notebook。

接著點選右上角的「Copy and Edit」，進入編輯畫面。此時已不是原本看到的 Notebook，已經可隨意編輯內容。

第 2 章之後，會使用這個方法在 Notebook 環境執行程式碼，所以請大家一邊執行程式碼，一邊閱讀本書的內容。

---

note

在自己的電腦打造另一個相同的 Notebooks 環境

在此要介紹如何在自己的電腦打造另一個 Notebooks 環境的方法。主要是利用在「前言」介紹的 Docker 在自己的電腦建立與 Notebooks 環境一致的虛擬環境。

這算是有點偏離 Kaggle 這個主題的內容，比較適合熟悉終端機基本操作的讀者執行。

具體的步驟如下：

1　安裝 Docker

2　下載 GitHub 的程式碼

3　啟動虛擬環境

4　存取「localhost」

■ 安裝 Docker

要建立虛擬環境必須安裝 Docker。確認電腦的作業系統後，再安裝支援的應用程式。

假設電腦的作業系統為 macOS，可參考下列網頁的説明。

`https://docs.docker.com/docker-for-mac/install/`

■ 下載 GitHub 的程式碼

存取發佈程式碼的 GitHub 頁面，再點選右上且的「Clone or download」按鈕，將程式碼下載至自己的電腦裡。

■ 啟動虛擬環境

下載完畢後，移動到存有 docker-compose.yml 的資料夾裡。

執行下列 Docker 的命令，就能下載需要的資料與啟動虛擬環境。第一次執行會下載幾十 GB 的檔案，所以請務必在家裡的 Wi-Fi 環境下執行這個命令。

```
docker-compose up --build
```

■ 存取「localhost」

虛擬環境啟動完成後，終端機會顯示圖 1.20 的說明。

圖 1.20　啟動完畢後的終端機

將 這 個 URL 的「c641028c4724」改 寫 成「localhost」，再 於 瀏 覽 器 輸 入 這 個 URL。以這次為例，是輸入下列的 URL。

```
http://localhost:8888/?token=491c624381d890ee421201798bd934a42b364d53b
429121e&token=491c624381d890ee421201798bd934a42b364d53b429121e
```

接著會進入圖 1.2 的畫面，也能透過瀏覽器操作自己電腦的資料夾。之後就能隨意開啟檔案，並且在 Notebooks 環境下操作檔案。

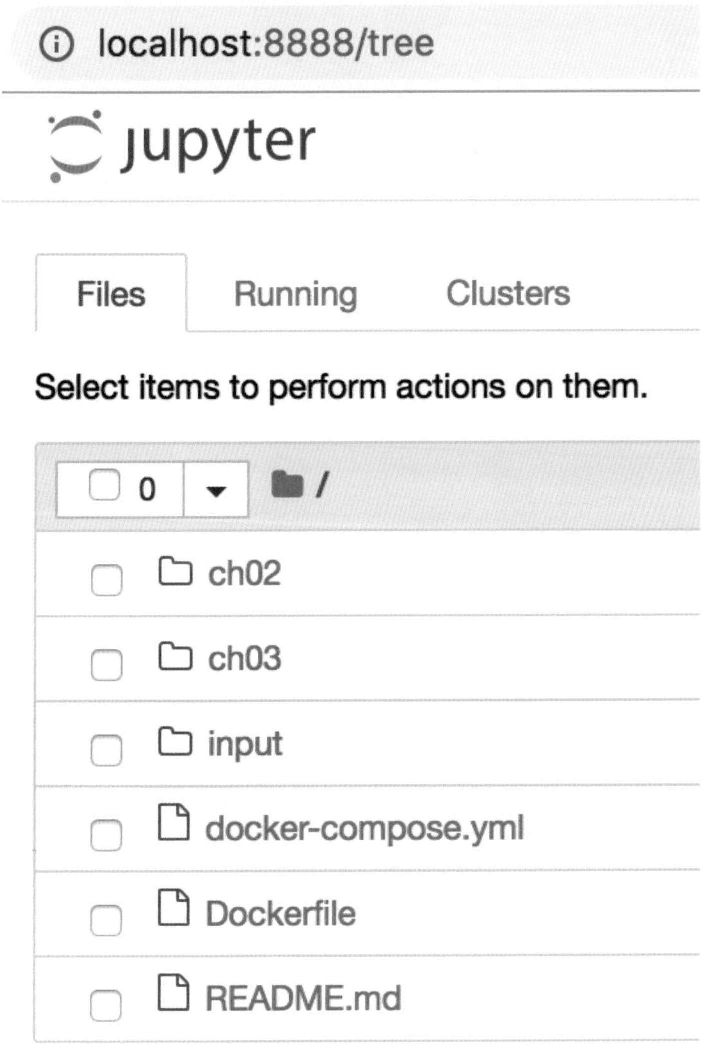
localhost:8888/tree
jupyter
Files
Running
Clusters
Select items to perform actions on them.
0
/
ch02
ch03
input
docker-compose.yml
Dockerfile
README.md

圖 1.21 瀏覽器的畫面

1.6

第 1 章總結

本章說明了 Kaggle 的概要，重點內容如下：

☐ Kaggle 的題目設定（機器學習的監督式學習概論）
☐ 註冊與登入 Kaggle 的方法
☐ 不需建立環境就能使用的分析環境「Notebooks」的使用方法

對談 ① 參加 Kaggle 的契機以及覺得很棒的部分

 話說回來，咖哩大大是怎麼知道 Kaggle 的啊？

 我小時候很想知道怎麼預測賽馬結果，後來知道機器學習可以預測，便開始研究機器學習，但很難收集到相關的資料，後來朋友告訴我「有個不需要收集資料，就能研究機器學習的網站，叫做 Kaggle」，我就參加 Kaggle 了。記得那應該是 2017 年秋天的事吧！

雖然我是想預測賽馬才開始學資料分析，但參加 Kaggle 之後，就愛上很有趣的機器學習，大部分的時間都花在 Kaggle 與學習機器學習。

 我是在 2018 年的黃金週連續假期開始的，大學時曾稍微學過機器學習，之前也已經知道有 Kaggle 這個網站，所以才想利用一段完整的時間開始參加 Kaggle。Titanic 很像是教學課程，讓我學會 submit 的機制以及相關的知識。

 我利用 Titanic 學習 submit 花了不少時間，主要是因為本身是初學者，當時網路上也沒有太多 Kaggle 的資訊。英語、機器學習、Kaggle 網站的使用方法，得熟悉這三個部分才能用得順手，但實在是不容易啊！

也是因為這樣，我才在 2018 年 4 月製作《Kaggle のチュートリアル》[7] 這個同人誌，帶領初學者盡快了解 Titanic 這個競賽。《Kaggle 的教學課程》是一本專門解說 Titanic 競賽的內容，帶領大家 submit 的書。

 我也注意到日文資訊並不多這點，所以在 2019 年 3 月在 Qiita 公開了 Kaggle 的入門文章。我覺得 Titanic 雖然不錯，參加爭取獎牌的競賽，與身經百戰的強者互相切磋，能夠學到很多東西，也很有趣。我覺得要有一邊利用 Titanic 學習 Kaggle 的小訣竅，一邊幫助初學者參加下一個競賽的內容。

我在開始競技程式設計「AtCoder」[21] 的時候讀到了「註冊 AtCoder 之後該做的事～光解決這些問題就得耗費不少精力！考古題精選 10 題～」[22]，也是受到這篇文章的影響，我才寫出 Kaggle 的入門文章。雖然是個人意見，所謂的學習就是要在學到一定基礎後，試著動手做做看，親身感受自己哪裡不足，再繼續學習必要的知識，才比較有效率。我寫這篇文章的目的在於帶領初學者從「對 Kaggle 有興趣」的狀態進入「能實際參賽」的狀態。

我也覺得「付諸實踐，親身感受不足之處，再學習必要的知識比較有效率」。我的同人誌也有專門介紹 Titanic 的內容，也收到許多「讀了書之後，試著參加正在舉辦的競賽，卻不知道接下來該怎麼辦」的感想，也因此覺得「試著解決 Titanic」與「實際參賽」之間有相當大的落差，我覺得 u++ 大大的文章應該是能弭平這段落差的文章。

我覺得也是因人而異，自己覺得「Kaggle 就是很有趣」，所以希望對 Kaggle 有興趣的人可以參賽看看。我自己是覺得 Kaggle 很像是一種能與全世界共同參與的網路遊戲，若是身為資料科學家的實力能順便因為得到獎牌或稱號而獲得認同，當然也很開心。

的確是這樣，常常因為太有趣而忘了時間。這個初學者也能與全世界頂尖的資料科學家一較高下的競賽真是太棒了，而且許多頂尖的資料科學家都常常在上面公開程式碼，能從中學習的東西實在太多了。

Notebooks 與 Discussion 可說是知識的寶藏。我在公司負責資料科學處理，在 Kaggle 學到的東西也常應用到工作上。

我之前在「TalkingData AdTracking Fraud Detection Challenge」[23] 與「Santander Value Prediction Challeng」[14] 得到過個人獎牌，當時也參考了不少 Notebooks 或 Discussion 的資訊。就我個人而言，只要仔細閱讀公開的資訊，就有機會贏得銅牌。

我很幸運地在第一次參加的「Santander Value Prediction Challenge」[14] 得到了個人金牌。

咖哩大大得到的是以處理公開資訊為主的金牌吧？

我進一步強化在 Discussion 討論的手法，然後改寫了 Notebook，所以得到了金牌。資料裡有部分資料的答案稱為「Leak」，雖然當時的競賽不會受到這個「Leak」的影響，但很幸運的是，我在當時體驗到初學者只要仔細閱讀公開的資訊，就有機會贏得金牌的經歷。

每位參賽者都願意公開解法，還有競賽結束後能學到更多東西，這兩點實在是太棒了。有志之士舉辦的離線活動也很有趣呢。

我在競賽結束後舉辦的檢討會遇到了許多 Kaggler，我之前很少有機會與這些 Kaggler 交談，所以聊了不少有關 Kaggle 的事，也總算了解 Kaggle 的想法。感覺上，大家真的很認真在參加 Kaggle 的競賽啊。

我也是在檢討會第一次見到咖哩大大的喲，當時根本沒想到我們兩個會一起寫書啊。

〔7〕 村田秀樹，『Kaggle のチュートリアル』
https://note.mu/currypurin/n/nf390914c721e (Accessed: 30 November 2019).

〔14〕 Santander Value Prediction Challenge
https://www.kaggle.com/c/santander-value-prediction-challenge (Accessed: 30 November 2019).

〔21〕 AtCoder：日本國內舉辦競技程式設計競賽最大的網站
https://atcoder.jp/ (Accessed: 30 November 2019).

〔22〕 註冊 AtCoder 之後該做的事～光解決這些問題就得耗費不少精力！考古題精選 10 題～
https://qiita.com/drken/items/fd4e5e3630d0f5859067 (Accessed: 30 November 2019).

〔23〕 TalkingData AdTracking Fraud Detection Challenge
https://www.kaggle.com/c/talkingdata-adtracking-fraud-detection (Accessed: 30 November 2019).

第 **2** 章

著手進行 Titanic

本章要帶著大家著手進行 Titanic，建立機器學習預測模型。讓我們一邊拉高分數，一邊了解 Kaagle 的精髓。

本章內容

2.1 節會先寫在 Leaderboard，2.2 節會確認第一個範例程式碼的流程，後續的 2.3 節則會粗步了解現有的資料。2.4 ～ 2.8 節則會一邊了解 Kaggle 的精髓，一邊提升分數。

本書介紹的範例檔已於「前言」介紹的 GitHub 發佈，各節的內容也整理成一個個檔案，例如 2.1 節使用的檔案就是 ch02_01.ipynb。本書的附錄則會針對範例檔詳細說明。

2.1

先 submit！
試著寫進順位表

這節要學習 Kaggle 的 submit 方法。

Kaggle 可利用下列的方法 submit 自行建置的機器學習模型的預測結果。

- 透過 Kaggle 的 Notebook
- 直接上傳 csv 檔案
- 使用 Kaggle API [24]

讓我們先試著透過 Kaggle 的 Notebook 進行 submit 吧！開啟上傳至 Kaggle 的 2.1 節範例程式碼，再點選 Copy and Edit。

雖然這個 Notebook 有很多「Cell」，但請先點選一下右上角的「Commit」。

此時會顯示圖 2.1 的畫面，執行整個 Notebook，接著會顯示這個 Notebook 執行之後的資訊。Notebook 會在每次 Commit 之後，自動管理版本。

---

[24] Kaggle API
https://github.com/Kaggle/kaggle-api (Accessed: 30 November 2019).

圖 2.1　執行結束之後的畫面

當 Notebook 的 Commit 處理結束後，會顯示圖 2.2 的結果。

This notebook is a sample code with Japanese comments.

2.1 先submit！試著寫進順位表

```
[1]:  import numpy as np
      import pandas as pd
```

載入資料

```
[2]:  !ls ../input/titanic
```

圖 2.2　Commit 之後的 Notebook

點選右側的「Output」頁籤，就能像圖 2.3 一般，將這個版本的 Notebook 的預測結果存為「submission.csv」檔案。

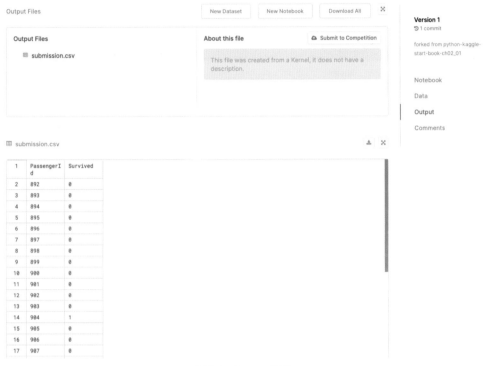

圖 2.3 Output 頁籤

點選「Submit to Competition」，即可 submit 這個檔案。接著會計算分數，以本次為例，分數為「0.67464」（圖 2.4）。

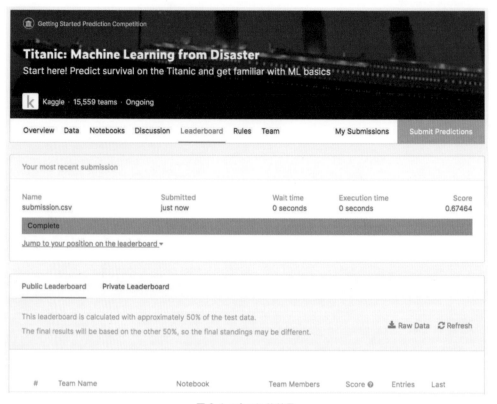

圖 2.4 submit 的結果

由於成功獲得分數，Leaderboard 也出現自己的帳號了（圖 2.5）。

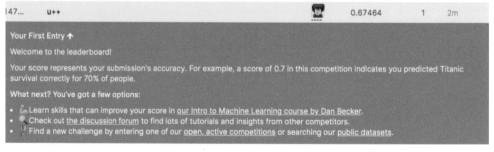

圖 2.5　submit 之後的 Leaderboard

到此，我們已學會了透過 Notebook 提交的方法。

Leaderboard

Kaggle 的順位表稱為「Leaderboard」，主要分成 Public Leaderboard 與 Private Leaderboard 兩種，有時 Leaderboard 也簡稱為「LB」。

參賽者可在競賽期間利用部分的測試資料上傳至 Public LB 計算分數，但不會對最終的排名有任何影響。

Private LB 是決定最終排名的 Leaderboard。這裡的分數與利用不同於 Public LB 的測試資料計算，只能在競賽結束後確認分數。

所以於 Kaggle 參加競賽時，要將重點放在 Private LB，製作能在 Private LB 取得高分的模型，至於 Public LB 的分數則不用太在意。

Public LB 與 Private LB 的資料比例會隨著競賽的不同而改變，以圖 2.6 的競賽為例，測試資料有 50% 用於計算 Public LB 的分數，剩下的 50% 資料則用於計算 Private LB 的分數。

Public Leaderboard	**Private Leaderboard**					
This leaderboard is calculated with approximately 50% of the test data. The final results will be based on the other 50%, so the final standings may be different.					⬆ Raw Data	🔄 Refresh
#	Team Name	Notebook	Team Members	Score ❓	Entries	Last

圖 2.6　Leaderboard 頁面

Kaggle 可於「My Submissions」頁籤的 submit 清單選擇兩個用來計算最後排名的 submit，以圖 2.7 為例，只有勾選了「Use for Final Score」的 submit 會用來計算最後的排名（Private LB 的分數）。

185 submissions for currypurin

All　Successful　Selected

Sort by　**Most recent**

Submission and Description	Public Score	Use for Final Score
Fork of titanicデータをLightGBM推論 ver2 (version 2/2) 25 days ago by currypurin **メモを記載可能**	0.75598	☑
Fork of titanicデータをLightGBM推論 ver2 (version 1/2) 25 days ago by currypurin **cv:81.69**	0.75119	☐

圖 2.7　My Submissions 頁面

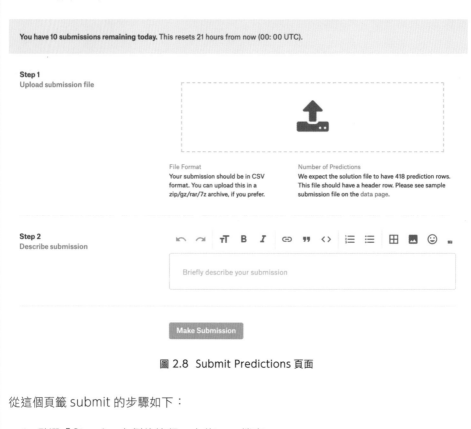

note

直接上傳 csv 檔案與 submit

在非 Kaggle 的 Notebooks 環境製作的 csv 檔案可從「Submit Predictions」頁籤 submit（圖 2.8）。

You have 10 submissions remaining today. This resets 21 hours from now (00: 00 UTC).

Step 1
Upload submission file

File Format
Your submission should be in CSV format. You can upload this in a zip/gz/rar/7z archive, if you prefer.

Number of Predictions
We expect the solution file to have 418 prediction rows. This file should have a header row. Please see sample submission file on the data page.

Step 2
Describe submission

Briefly describe your submission

Make Submission

圖 2.8　Submit Predictions 頁面

從這個頁籤 submit 的步驟如下：

1　點選「Step1」右側的按鈕，上傳 csv 檔案

2　依需求在「Step2」右側的欄位輸入 submit 的說明

3　點選「Make Submission」按鈕

note

利用 Kaggle API 提交

Kaggle API[24] 是已發佈的 Kaggle 官方 API，可讓我們跳過 Kaggle 的網頁，直接 submit 結果。

在此為大家介紹安裝與初始設定 Kaggle API 的方法，以及透過這個官方 API 將結果 submit 至 Titanic 的方法。

■ **安裝與初始設定**

請利用下列的命令安裝 Kaggle API。

```
pip install kaggle
```

pip 是 Python 的標準套件管理系統，可用來安裝、解除安裝與升級套件。

接著移動到自己的 Account 頁面（https://www.kaggle.com/< 使用者名稱 >/account）。點選圖 2.9 的 API 的「Create New API Token」，下載「kaggle.json」。

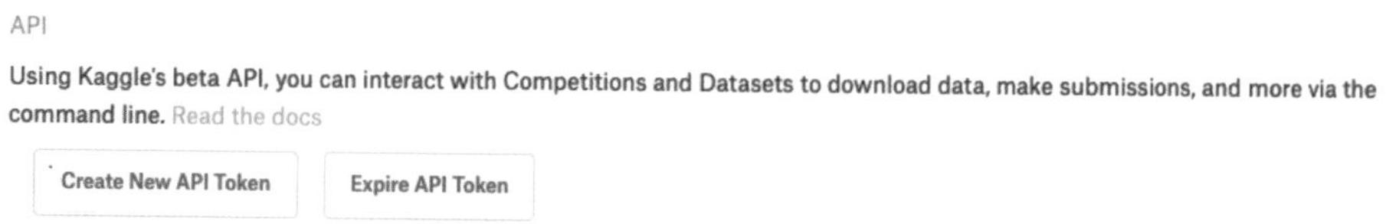

API

Using Kaggle's beta API, you can interact with Competitions and Datasets to download data, make submissions, and more via the command line. Read the docs

```
Create New API Token      Expire API Token
```

圖 2.9　取得 Kaggle API 的 Token

這個 json 檔案就是驗證用的 Token，請依照電腦的作業系統配置在不同的目錄。

- Linux，macOS：「~/.kaggle/kaggle.json」
- Windows：「C:\Users\<Windows 使用者名稱 >\.kaggle\kaggle.json」

最後要設定只有自己能讀取與覆寫的權限。若作業系統為 Linux 或 macOS，可在終端機程式輸入下列的命令設定。

```
chmod 600 ~/.kaggle/kaggle.json
```

如此一來，Kaggle API 的初始設定就完成了。

■ Submit

每個競賽的「My Submissions」頁面都記載了 submit 的命令。

例如 Titanic 的命令是「kaggle competitions submit -c titanic -f ＜submit 檔案的路徑＞ -m "＜訊息＞"」（圖 2.10）。這裡的「訊息」是於「My submissions」顯示的說明，可自行輸入需要的內容。

圖 2.10　Kaggle API 的 submit 命令

以上就是透過 Kaggle API 提交結果的步驟。

Kaggle API 還有下列這些功能。

- 取得競賽清單

- 下載競賽的資料集

- 下載、建立、更新 Kaggle Datasets

- 上傳與下載 Notebook

進一步資訊請參考官方網頁 [24] 或作者（村田）的部落格文章 [25]。

〔25〕 kaggle-api 這個 Kaggle 官方 api 的使用方法
http://www.currypurin.com/entry/2018/kaggle-api (Accessed: 30 November 2019).

對談 ② submit 的樂趣

因為 Leaderboard 的分數而忽喜忽憂是 Kaggle 最大的樂趣，我也在 twitter 上傳分數的螢幕擷圖。

對啊，在 twitter 上傳螢幕擷圖，與認識的 kaggler 競爭真的很有趣。

submit 結果之後，分數一於 Leaderboard 公開，自然就會想要比賽。如果放著不管，排名會一直下滑，這會讓人很焦慮，這與沒有 submit 的狀態完全不同，所以我很建議初學者「先 submit 一次看看」。

submit 之後，得過一段時間才能看到分數，而這段時間的等待也讓人覺得很興奮。

Kaggle 就是在這段時間計算分數的。這種經驗不管體驗幾次，都讓人很興奮，如果分數不錯，甚至會在電腦前面做出勝利姿勢。

「這樣修改，分數應該會變高吧」，如果嘗試之後，分數真的變高，就證明自己的假設是正確的，就某種意義而言，這也是一種快感。

Kaggle 有限制每日 submit 次數的上限，但基本上可儘量 submit，所以我覺得積極地 submit，驗證自己的想法比較好。若說常 submit 有什麼缺點，大概就是團隊合併的問題吧！團隊成員的總 submit 次數是有上限的，所以若是團體參賽，恐怕要注意 submit 的次數。

話說回來，submit 也不一定能提高分數（笑）。

這是當然，kaggler 之間流傳著「全部試一遍」這句話。機器學習有許多相關的技巧，但這些技巧能不能派上用場，端看資料集與課題的內容。我明白「別只用腦袋想，還要動手做」的道理，能讓人親身感受這個道理，也是 Kaggle 的魅力之一啊！

我覺得在讀了別人的方案之後，自己動手再做一次，然後再 submit，可以學得更徹底。了解資料的規格與競賽的特徵後，對於課題的認知也完全不一樣。

非常贊成！這跟讀書是一樣的道理，親自動手操作一遍，更能掌握整本書的輪廓，也能更了解書中內容。

2.2
掌握全貌！
了解 submit 之前的處理流程

2.2 節要帶大家具體了解在 2.1 節跳過的 Notebook 處理流程，請試著從最上方的 cell 執行，了解接下來的內容。

具體的處理流程如下：

1　載入套件
2　載入資料
3　特徵工程
4　機器學習演算法的學習與預測
5　submit

2.2.1 載入套件

```
1: import numpy as np
2: import pandas as pd
```

第一步要先 import 之後會用到的「套件」，如此一來就能使用未內建，但方便實用的擴充功能。

舉例來說，前面 import 的 NumPy [26] 是善於計算的套件，Pandas [27] 則可輕鬆操作 Titanic 這類表格格式的資料（表格資料）的套件。

這節先 import 一開始就會用到的這兩個套件。import 可在任何一個 cell 執行，但通常會在開頭執行，不過為了讓本書的範例程式更簡單易懂，偶爾會在要使用之前才 import。

---

〔26〕NumPy
　　https://numpy.org/（Accessed: 30 November 2019）.
〔27〕Pandas
　　https://pandas.pydata.org/（Accessed: 30 November 2019）.

2.2.2 載入資料

接著要載入 Kaggle 提供的資料。

一開始先確認這筆資料的內容。細節可參考 Kaggle 的 Titanic 頁面的「Data」頁籤說明。

```
1: train = pd.read_csv('../input/titanic/train.csv')
2: test = pd.read_csv('../input/titanic/test.csv')
3: gender_submission = pd.read_csv('../input/titanic/gender_submission.csv')
```

- 「gender_submission.csv」是用於 submit 的 csv 範例檔案,可從中確認 submit 的格式,其中設定了只有女性生存(Survived 為 1)的推測值。

- 「train.csv」是機器學習的學習資料,其中包含 Titanic 號的乘客性別、年齡與相關的屬性資訊,還有該名乘客是否生存的資訊(Survived)。

- 「test.csv」是用於預測的資料。這部分資料只包含了 Titanic 號的乘客性別、年齡與相關的屬性資訊,可根據學習資料出預測值。與「train.csv」比較之後可發現,這部分的資料沒有 Survived 這個欄位。

圖 2.11 為 Titanic 提供的原始資料。

	PassengerId	Pclass	Name	Sex	Age	SibSp	Parch	Ticket	Fare	Cabin	Embarked
0	892	3	Kelly, Mr. James	male	34.5	0	0	330911	7.8292	NaN	Q
1	893	3	Wilkes, Mrs. James (Ellen Needs)	female	47.0	1	0	363272	7.0000	NaN	S
2	894	2	Myles, Mr. Thomas Francis	male	62.0	0	0	240276	9.6875	NaN	Q
3	895	3	Wirz, Mr. Albert	male	27.0	0	0	315154	8.6625	NaN	S
4	896	3	Hirvonen, Mrs. Alexander (Helga E Lindqvist)	female	22.0	1	1	3101298	12.2875	NaN	S

圖 2.11 Titanic 提供的資料

舉例來說資料為字串格式的 Name 與 Sex 無法直接輸入機器學習的演算法,必須先轉換成機器學習演算法可操作的數值格式。

Nan 為資料遺漏的意思,有些機器學習演算法可處理這類問題,但也有利用平均值、中位數這類具代表性的數值忽略資料遺漏的做法。

2.2.3 特徵工程

接下來的處理稱為「特徵工程」。

- 將載入的資料轉換成機器學習演算法可操作的格式
- 從現有的資料新增有助於機器學習演算法預測的特徵值

以前者為例，就是將 Sex 的「male」與「female」轉換成 0 與 1。

```
1: data = pd.concat([train, test], sort=False)
2: data['Sex'].replace(['male', 'female'], [0, 1], inplace=True)
```

也可執行忽略遺漏值的處理。例如以平均值忽略 Fare。

```
1: data['Fare'].fillna(np.mean(data['Fare']), inplace=True)
```

後者將於 2.4 進一步介紹。

圖 2.12 為特徵工程的示意圖。

原始資料

	PassengerId	Survived	Pclass	Name	Sex	Age	SibSp	Parch	Ticket	Fare	Cabin	Embarked
0	1	0	3	Braund, Mr. Owen Harris	male	22.0	1	0	A/5 21171	7.2500	NaN	S
1	2	1	1	Cumings, Mrs. John Bradley (Florence Briggs Th...	female	38.0	1	0	PC 17599	71.2833	C85	C
2	3	1	3	Heikkinen, Miss. Laina	female	26.0	0	0	STON/O2. 3101282	7.9250	NaN	S
3	4	1	1	Futrelle, Mrs. Jacques Heath (Lily May Peel)	female	35.0	1	0	113803	53.1000	C123	S
4	5	0	3	Allen, Mr. William Henry	male	35.0	0	0	373450	8.0500	NaN	S

Passengerld為1的乘客 →
Passengerld為2的乘客 →

- 轉換成數值或忽略遺漏值
- 從現有的資料新增欄位

經過特徵工程處理的資料

	Age	Embarked	Fare	Pclass	Sex
0	22.0	0	7.2500	3	0
1	38.0	1	71.2833	1	1
2	26.0	0	7.9250	3	1
3	35.0	0	53.1000	1	1
4	35.0	0	8.0500	3	0

Passengerld為1的乘客 →
Passengerld為2的乘客 →

圖 2.12 特徵工程的概要

經過特徵工程處理的資料在經過標準化之後的結果請參考圖 2.13。

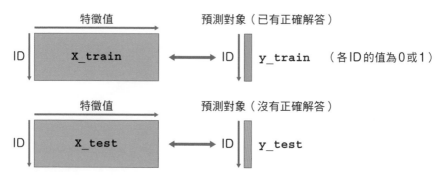

圖 2.13　經過特徵工程處理的資料

經過特徵工程處理之後，可從原始資料得到「X_train」、「y_train」、「X_test」這類可於機器學習演算法使用的資料集。

> **note**　特徵值的標準化
>
> 舉例來說，Titanic 的 Sex 欄位只有 0 或 1 的值，也知道 Age 的最大值為 80。
>
> 本書採用的機器學習演算法「邏輯迴歸」有時會在各特徵值範圍不同時，無法正確學習，所以通常得調整各特徵值的範圍。
>
> 此時最常用來調整特徵值的方法就是「標準化」，也就是將各特徵值的平均轉換為 0，標準差轉換為 1。標準差代表的是資料的分散程度，寫程式的時候，可使用 sklearn.preprocessing.StandardScaler() [28]。
>
> 不過近年來，在 Kaggle 操作表格資料時，通常會使用不受上述標準化轉換特徵值影響的機器學習演算法，例如在 2.5 節用來取代邏輯迴歸的「決策樹」[29] 或「LightGBM」[30] 就是其中一種。
>
> 本書最終採用的是「LightGBM」這種機器學習演算法，所以在此先跳過標準化特徵值的處理。

〔28〕sklearn.preprocessing.StandardScaler
　　　https://scikit-learn.org/stable/modules/generated/sklearn.preprocessing.
　　　StandardScaler.html (Accessed: 30 November 2019).

〔29〕sklearn.ensemble.RandomForestClassifier
　　　https://scikit-learn.org/stable/modules/generated/sklearn.ensemble.
　　　RandomForestClassifier.html (Accessed: 30 November 2019).

〔30〕LightGBM
　　　https://lightgbm.readthedocs.io/en/latest/ (Accessed: 30 November 2019).

遺漏值的填補

這節雖以某種值填補遺漏值的部分，但本書最終採用的 LightGBM 或少部分的機器學習演算法可直接處理遺漏值。有時遺漏值的遺漏具有特定意義，所以填補遺漏值不一定是正確的做法。

下列是處理遺漏值的方法，有機會的話，請大家視情況嘗試不同的方法。

- 直接處理遺漏值

- 利用某些具代表性的值填補遺漏值

- 利用其他的特徵值預測遺漏值，填補遺漏的部分。

- 利用是否為遺漏值這點建置新的特徵值

note

train 與 test 的合併

本節在加工資料之前，先載入 train 資料的 train.csv 與 test 資料的 test.csv，再讓兩者沿垂直方向合併。

```
1: data = pd.concat([train, test], sort=False)
```

這種合併方式有下列兩項優點。

- 不需分別處理 train 與 test 共通的資訊

- 可納入 test 的資訊再進行處理

前者的優點在於先將兩者合併為 data 再進行處理，所以只需要執行一次處理。後者則可在 train 與 test 的特徵值分佈狀況不同時發揮效果。因為如果只利用標準化的 train 執行處理，就無法納入 test 取得的值，test 就無法進行有效的轉換。

就實務而言，建立機器學習模型的時候通常無法取得預測目標的資料，所以也有人認為，在特徵工程使用 test 的資料並不是正確的做法。

2.2.4 機器學習演算法的學習與預測

接下來,讓我們透過機器學習演算法從剛剛建立的特徵值與的預測對象找出對應關係。

```
1: from sklearn.linear_model import LogisticRegression
2:
3:
4: clf = LogisticRegression(penalty='l2', solver='sag', random_state=0)
5: clf.fit(X_train, y_train)
```

上述的程式使用了「邏輯迴歸」這種機器學習演算法。

機器學習演算法是由超參數這個值進行控制,也就是「LogisticRegression()」括號裡的值。關於超參數的調整方式將於 2.6 節的「機器學習演算法的心情?試著調整超參數」介紹。

學習結束後,就能投入未知的特徵值(X_test)進行預測。

```
1: y_pred = clf.predict(X_test)
```

0 或 1 的預測值將存入 y_pred。為了與真正的答案 y_test 區別,所以才將預測所得的值命名為 y_pred。

2.2.5 submit

最後一步就是將預測值儲存為 csv 檔案,才能透過 Notebook 提交(submit)。

```
1: sub = pd.read_csv('../input/titanic/gender_submission.csv')
2: sub['Survived'] = list(map(int, y_pred))
3: sub.to_csv('submission.csv', index=False)
```

Kaggle 的營運團隊手中握有 y_test 的內容,所以會以 y_test 比較 y_pred,再以分數的方式通知提交 y_pred 的參賽者,讓參賽者了解機器學習的效能。

以上就是 submit 的一連串流程。

對談 ③ 建立「基準」

我覺得，參加新競賽的時候，「先 submit 再說」之前的流程最難，為了改善這個流程，我會建立所謂的「基準」。

的確，尤其剛起步的時候，真的很難建立原創的模型。

一開始會先在資料改造這個部分卡住，例如會遇到「複製別人的原始碼，也無法完成學習」或「無法依照自己的想法改寫原始碼」這類問題。

真的是這樣啊，遇到問題，然後搜尋解法，解決了，又遇到其他問題。光是這個部分就耗掉許多時間，讓人覺得自己在原地打轉。

我覺得這是資料科學不可避免的部分，但在還沒了解 Kaggle 的樂趣之前就遇到這類難題的話，很有可能會就此打退堂鼓，所以我覺得還是先避開這類問題比較好，所以才建議大家一開始先沿用能 submit 的公開 Notebook。

先參賽也比較能了解建立基準時，需要特別注意的部分。

有許多參賽者在 Kaggle 公開從零到 submit 的流程，真的是太佛心了。

如果是未公開資訊的競賽，很有可能一遇到挫折就放棄了。我曾參加過所有人在會場比賽的「離線競賽」，然後在一開始就放棄了。

啊，離線競賽給人一種很硬的印象啊！

真的很硬啊！ u++ 大大，參加 Kaggle 的時候，還會採用 Notebook 的原始碼嗎？還是一邊參考 Notebook，一邊從零開始寫？

現在的話是一邊參考一邊從零開始寫，但還是會沿用以前在 Kaggle 寫的原始碼。

 如果參加很多次競賽，累積了很多原始碼，然後從中學習，的確會比較輕鬆，感覺上，就是不斷參賽，然後慢慢形成現在的風格吧？

 的確，一開始當然是仰賴公開的 Notebook。

 要能從零開始寫，需要大量的經驗，希望本書能幫助讀者儘量接近這個境界。

 如果附錄的原始碼解説能助讀者一臂之力，那就太好了！

2.3
找出下一步！
試著進行探索式資料分析

我們在 2.1 ～ 2.2 節將取得的資料改造成機器學習演算法能操作的格式，也利用機器學習演算法進行學習與預測，接下來我們要一步步改善學習與預測的流程，試著提升分數。

有待改善的重點之一就是特徵工程，這也是利用機器學習演算法根據 2.2 節介紹的資料進行預測，建立可用的新特徵值的方法。

要建立提升預測性能的特徵量，就必須不斷建立假設以及讓資料更具體化的步驟。在此試著將建立假設與讓資料變得更具體的流程整理成圖（圖 2.14）。

圖 2.14　假設與具體化

- 建立能提升預測性能的假設
- 讓預測變得更具體（為了找出提升性能的假設，也為了驗證假設是否正確）

每個人的想法不同，題目也不同，所以起點也會跟著改變。

■ 情況 1）具備領域知識的情況

所謂「領域知識」是特定業界或事業的專業知識。

如果要處理的課題剛好是你具備的領域知識，也就是你很熟悉的領域時，可能一開始會找出很多個假設，此時可試著讓資料更透明具體，確認假設是否真的有助於提升預測性能，有時甚至會因此建立截然不同的假設。

■ 情況 2）不具備領域知識的情況

如果不具備該領域知識，就可執行探索式資料分析再建立假設。以不同的座標軸俯瞰資料，進而建立足以提升預測性能的假設是實施探索式資料分析的目的。

本節要執行的就是探索式資料分析，藉此找出足以探升預測性能的特徵值，而這種探索式資料分析的英文則稱為「Exploratory Data Analysis，EDA」。

1　利用 Pandas Profiling 確認概要

2　確認各特徵值與目標變數（Survived）之間的關係

2.3.1　利用 Pandas Profiling 確認概要

第一步讓我們先大致了解資料的概要。要簡單明瞭地掌握資料的輪廓可使用「Pandas Profiling」[31] 這個套件。

```
1: import pandas as pd
2: import pandas_profiling
3:
4:
5: train = pd.read_csv('../input/titanic/train.csv')
6: train.profile_report()
```

透過上述的命令載入 Pandas Profiling，再定義為 pandas.DataFrame.profile_report()，即可根據下列五個項目製作報表。

- Overview
- Variables
- Correlations
- Missing Values
- Sample

接著要針對能掌握資料輪廓的項目說明。

> **note　Pandas Profiling 的執行時間**
>
> 由於 pandas.DataFrame.profile_report 會自行執行各種處理，執行過程會花一點時間，即使是 Titanic 這種小型資料集，有時仍會因為執行處理的環境而需要幾分鐘才能完成處理。如果是規模更龐大的資料集，可試著擷取部分資料再執行 Pandas Profiling。

---

[31] Pandas Profiling
　　https://github.com/pandas-profiling/pandas-profiling (Accessed: 30 November 2019).

Overview

如圖 2.15 所示，Dataset info 顯示了資料的列數、欄位與類型。從中可發現 Number of variables 為 12，Number of observations 為 891，意即用於學習的資料集共有 891 列與 12 欄。在 Titanic 的資料裡，1 列的資料等於 1 個人的資料，所以代表 Titanic 的資料集有 891 個人的資料，每個人的資料有 12 欄。

Overview

Dataset info		Variables types	
Number of variables	12	Numeric	5
Number of observations	891	Categorical	5
Missing cells	866 (8.1%)	Boolean	1
		Date	0
Duplicate rows	0 (0.0%)	URL	0
Total size in memory	83.7 KiB	Text (Unique)	1
Average record size in memory	96.1 B	Rejected	0
		Unsupported	0

圖 2.15 Pandas Profiling 的執行結果

Variables types 則是各欄資料類型的明細。Titanic 的 12 欄的資料類型如下：

- Numeric: PassengerId，Age，SibSp，Parch，Fare
- Categorical: Pclass，Sex，Ticket，Cabin，Embarked
- Boolean: Survived
- Text: Name

Numeric 是 15 或 45 這類數值的資料類型，Age 欄位就是這種資料類型。Categorical 則是 Sex 欄位這類資料為 male 或 female，也就是非數值的資料類型，一般稱為「分類變數」。Numeric 與 Categorical 之間具有強烈的對比性，有時會將前者稱為「量化變數」，後者稱為「質化變數」。

Boolean 為布林值的意思，在 Titanic 資料集之中，Survived 欄位就是這種資料類型，而這個欄位的數值不是 0 就是 1，分別對應的是偽與真，也就是所謂的布林值。

Text 則是文章的意思，Name 欄位就是這種資料類型。

分類變數的特徵工程

機器學習演算法通常無法操作非數值的字串資料，所以必須在進行特徵工程的時候，將分類變數轉換成適用的數值。

2.2 節是將 Sex 欄位的「male」與「female」分別轉換成 0 與 1。

```
1: data['Sex'].replace(['male', 'female'], [0, 1], inplace=True)
```

如果一個分類變數只有兩個值，只需要透過上述的處理轉換，但如果值超過三個，就必須另行處理。

比方說，這次將 Embarked 欄位的 S、C、Q 分別轉換成 0、1、2，但這種處理並不適合於邏輯迴歸這種機器學習演算法使用。

因為轉換成數值之後，很可能會出現原本沒有的關聯性，意即，機器學習演算法很可能會以為「C 位於 S 與 Q 之間」。

基於上述理由，在將值超過三種以上的分類變數轉換成數值時，會使用圖 2.16 這類手法。

Embarked
S
C
Q
C

Embarked_S	Embarked_C	Embarked_Q
1	0	0
0	1	0
0	0	1
0	1	0

圖 2.16　One-Hot 編碼

將 Embarked 的資料展成 3 欄，再以 0 或 1 標記各欄的特定值。這種轉換可避免產生不需要的關聯性，而這種手法則稱為「One-Hot 編碼」，要注意的是，如果一個分類變數有過多的值，欄數可能會大增。

2.5 節使用的「LightGBM」與少數的機器學習演算法都內建了替分類變數指定特徵值的功能，所以就算為了處理分類變數而將分類變數的資料轉換成數值，也不會發生上述產生多餘關聯性的問題。

本書最終是採用 LightGBM 這種機器學習演算法，所以不需要透過 One-Hot 編碼這種手法處理分類變數。

Variables

Variables 的資料為各特徵值的概要，概要的格式則與資料類型對應。

■Survived

從目標變數的 Survived 可得知死亡（0）與存活（1）的人數與比例（圖 2.17）。從存活的比例為 38.4% 這點來看，代表在用於學習的資料集之中，存活率有 38.4% 的意思。

Survived
Boolean

Distinct count	2
Unique (%)	0.2%
Missing (%)	0.0%
Missing (n)	0

Toggle details

Value	Count	Frequency (%)	
0	549	61.6%	
1	342	38.4%	

圖 2.17　Survived 的概要

■Age

Age 為乘客的年紀（圖 2.18）。遺漏值（Missing）為 177，代表有 177 筆資料沒有年齡資訊。從中可看出平均值（Mean）約為 29.7，最小值（Minimum）為 0.42，最大值（Maximum）為 80。

Age
Numeric

Distinct count	89	**Mean**	29.69911765
Unique (%)	10.0%	**Minimum**	0.42
Missing (%)	19.9%	**Maximum**	80
Missing (n)	177	**Zeros (%)**	0.0%
Infinite (%)	0.0%		
Infinite (n)	0		

圖 2.18　Age 的概要

從圖 2.19 的直方圖可看出年齡的分佈，也可判斷出乘客以 20 幾歲至 30 幾歲居多。年齡最小的資料也很多，約有 25 人的資料。

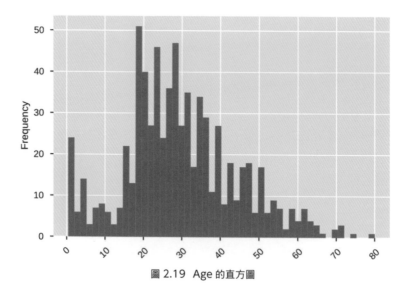

圖 2.19　Age 的直方圖

■SibSp

SibSp 為共乘的兄弟姐妹與配偶的人數（圖 2.20）。觀察 Common values 的部分可以得知每個值（value）的人數與比例，0 人為 68.2%、1 人為 23.5%，2 人以上則是少之又少。

SibSp Numeric	Distinct count	7	Mean	0.5230078563
	Unique (%)	0.8%	Minimum	0
	Missing (%)	0.0%	Maximum	8
	Missing (n)	0	Zeros (%)	68.2%
	Infinite (%)	0.0%		
	Infinite (n)	0		

Toggle details

Statistics　Histogram　**Common values**　Extreme values

Value	Count	Frequency (%)	
0	608	68.2%	
1	209	23.5%	
2	28	3.1%	
4	18	2.0%	
3	16	1.8%	
8	7	0.8%	
5	5	0.6%	

圖 2.20　SibSp 的概要

■Parch

Parch 為父母親帶著小孩上船的人數（圖 2.21）。明細為 0 人的部分為 76.1%、1 人為 13.2%、2 人為 9.0%，3 人以上則較少。

Parch
Numeric

Distinct count	7	Mean	0.3815937149	
		Minimum	0	
Unique (%)	0.8%	Maximum	6	
Missing (%)	0.0%	Zeros (%)	76.1%	
Missing (n)	0			
Infinite (%)	0.0%			
Infinite (n)	0			

Toggle details

Statistics　　Histogram　　**Common values**　　Extreme values

Value	Count	Frequency (%)	
0	678	76.1%	████████████
1	118	13.2%	██
2	80	9.0%	█
5	5	0.6%		
3	5	0.6%		
4	4	0.4%		
6	1	0.1%	

圖 2.21 Parch 的概要

■Fare

Fare 為船資，從圖 2.22 的直方圖可以得知，船資較低的資料較多。

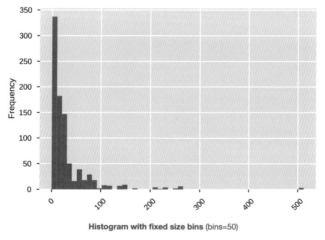

Histogram with fixed size bins (bins=50)

圖 2.22 Fare 的直方圖

■Pclass

Pclass 為艙等（圖 2.23）。共有三個艙等，1 等艙為 24.2%、2 等艙為 20.7、3 等艙為 55.1%。

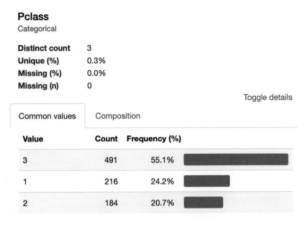

圖 2.23　Pclass 的概要

■Sex

Sex 為性別（圖 2.24），明細為男性（male）64.8%，女性（female）35.2%。

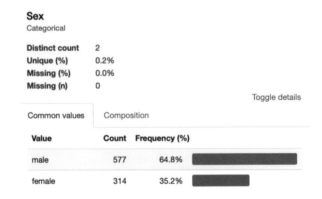

圖 2.24　Sex 的概要

■Ticket

Ticket 為船票編號（圖 2.25）。從 Distinct count 可得知共有 681 種編號，其中包含「347082」、「1601」、「CA.2343」這類編號，編號最多有 7 個重複。

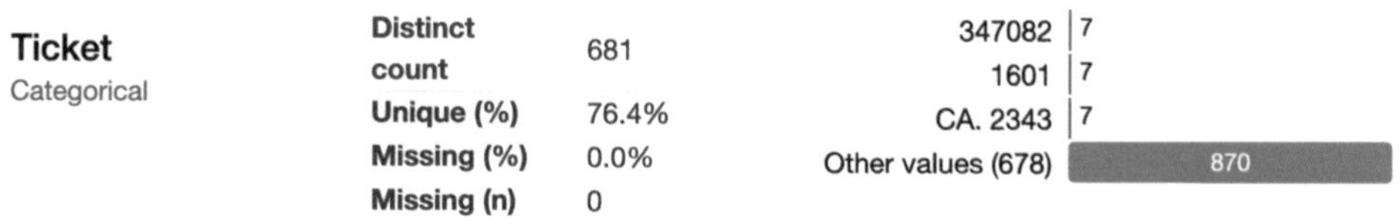

Ticket Categorical	Distinct count	681		347082	7
	Unique (%)	76.4%		1601	7
	Missing (%)	0.0%		CA. 2343	7
	Missing (n)	0		Other values (678)	870

圖 2.25　Ticket 的概要

■Cabin

Cabin 為客房的編號（圖 2.26）。從 Distinct count 可得知共有 148 種編號，從 Missing 也可知道遺漏值有 687 個（77.1%）。客房編號包含「B96 B98」、「C23 C25 C27」、「G6」這類編號，重複次數最高的為 4 個。

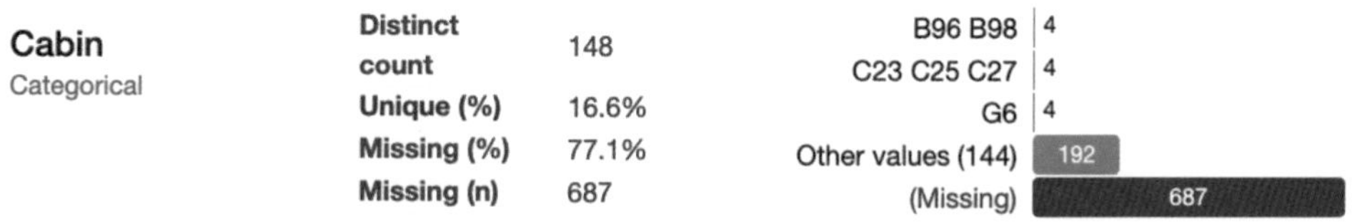

Cabin Categorical	Distinct count	148		B96 B98	4
	Unique (%)	16.6%		C23 C25 C27	4
	Missing (%)	77.1%		G6	4
	Missing (n)	687		Other values (144)	192
				(Missing)	687

圖 2.26　Cabin 的概要

■Embarked

Embarked 為搭船的港口（圖 2.27）。從 Missing 為 2 可得知有兩個遺漏值。若排除遺漏值不算，這個欄位的資料共有三種，分別是 S、C、Q，比例則分別是 72.3%、18.9%、8.6%。

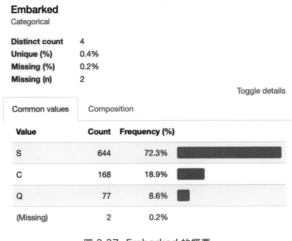

圖 2.27　Embarked 的概要

■Name

Name 為乘客姓名（圖 2.28），可以發現有 Mr. 或 Mrs. 這類稱呼。

Name
Categorical, Unique

First 5 values	Last 5 values
Abbing, Mr. Anthony	de Mulder, Mr. Theodore
Abbott, Mr. Rossmore Edward	de Pelsmaeker, Mr. Alfons
Abbott, Mrs. Stanton (Rosa Hunt)	del Carlo, Mr. Sebastiano
Abelson, Mr. Samuel	van Billiard, Mr. Austin Blyler
Abelson, Mrs. Samuel (Hannah Wizosky)	van Melkebeke, Mr. Philemon

圖 2.28　Name 的概要

2.3.2　確認各特徵值與目標變數的關聯性

到目前為止利用了 Pandas Profiling 確認每種特徵值的概要，接下來要確認各特徵值與目標變數 Survived（死亡（0）、生存（1））的關聯性。讓我們一起找出能提升預測性能的假設吧！

Age 與目標變數的關聯性

```
1: plt.hist(train.loc[train['Survived'] == 0, 'Age'].dropna(),
2:          bins=30, alpha=0.5, label='0')
3: plt.hist(train.loc[train['Survived'] == 1, 'Age'].dropna(),
4:          bins=30, alpha=0.5, label='1')
5: plt.xlabel('Age')
6: plt.ylabel('count')
7: plt.legend(title='Survived')
```

如圖 2.29 畫出每個目標變數的年齡層直方圖，可看出每個年齡層的生存率。從中可發現，年輕人與年長者的生存率較高，二十幾歲到三十幾歲的人的生存率較低。

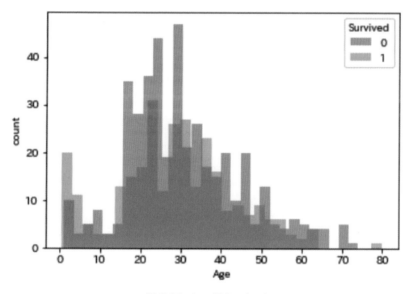

圖 2.29 Age 與 Survived

SibSp 與目標變數的關聯性

```
1: sns.countplot(x='SibSp', hue='Survived', data=train)
2: plt.legend(loc='upper right', title='Survived')
```

針對每個 SibSp 統計目標變數的資料後，可從 SibSp 為 0 與 3 以上的資料發現生存率較低的事實（圖 2.30）。

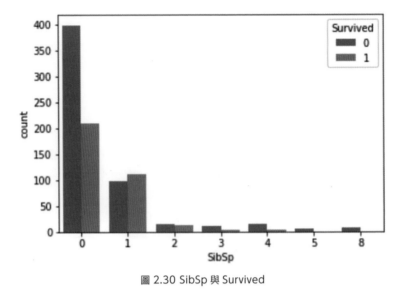

圖 2.30 SibSp 與 Survived

Parch與目標變數的關聯性

```
1: sns.countplot(x='Parch', hue='Survived', data=train)
2: plt.legend(loc='upper right', title='Survived')
```

針對每個 Parch 統計目標變數的資料後，可從 Parch 為 0 與 4 以上的資料發現生存率較低的事實（圖 2.31）。

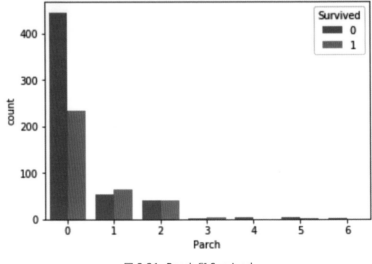

圖 2.31　Parch 與 Survived

其實 Parch 與 SibSp 都是與同船家人人數有關的特徵值，也可發現人數增加時，生存率跟著下降的共通點，因此做出「兩者相加，建立『家族人數』這個特徵值，或許能提升預測性能」的假設。

這個假設將在 2.4 節進一步驗證。

Fare 與目標變數的關聯性

```
1: plt.hist(train.loc[train['Survived'] == 0, 'Fare'].dropna(),
2:          range=(0, 250), bins=25, alpha=0.5, label='0')
3: plt.hist(train.loc[train['Survived'] == 1, 'Fare'].dropna(),
4:          range=(0, 250), bins=25, alpha=0.5, label='1')
5: plt.xlabel('Fare')
6: plt.ylabel('count')
7: plt.legend(title='Survived')
8: plt.xlim(-5, 250)
```

如圖 2.32 畫出每個目標變數的船資直方圖，可看出每種船資的生存率。從中可發現，船資低於 30 的乘客的生存率較低，低於 10 的乘客尤其低。

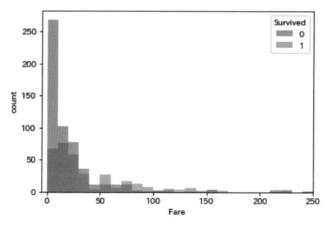

圖 2.32　Fare 與 Survived

Pclass 與目標變數的關聯性

```
1: sns.countplot(x='Pclass', hue='Survived', data=train)
```

針對每個 Pclass 統計目標變數的資料後，可發現隨著 Pclass 從 1 遞增至 3，生存率跟著下滑的事實（圖 2.33）。

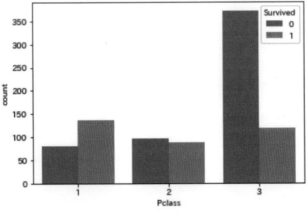

圖 2.33 Pclass 與 Survived

Sex 與目標變數的關聯性

```
1: sns.countplot(x='Sex', hue='Survived', data=train)
```

針對性別統計目標變數的資料後,可發現男性的生存率較低,女性的生存率較高,兩者的生存率有著相當的落差(圖 2.34),可見 Sex 是非常重要的特徵值。

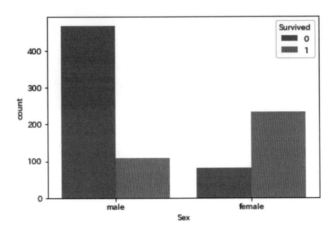

圖 2.34 Sex 與 Survived

Embarked與目標變數的關聯性

```
1: sns.countplot(x='Embarked', hue='Survived', data=train)
```

針對每個 Embarked 統計目標變數的資料後，可發現 S 與 Q 的生存率較低，C 的生存率較高（圖 2.35）。

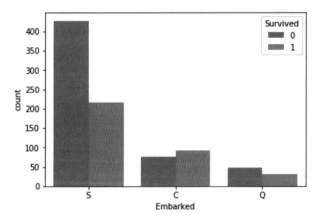

圖 2.35　Embarked 與 Survived

到目前為止，我們利用探索式資料分析確認了資料的概要，也確認了每種特徵值與目標變數之間的關聯性。具體的成果是我們讓資料變得更具體與透明後，得到「Parch 與 SibSp 相加，建立『家族人數』這個新特徵值，有機會提升預測性能」的假設。

這個假設僅是為了本書解說而建立，大家可另循途徑，建立其他的假設。

剛剛介紹的探索式資料分析只是這類分析手法的其中一種，Notebooks 也公開了許多探索式分析的結果，有機會的話，請大家務必試用其他探索式資料分析的手法。

73

對談 ④ 不是只讓資料「具體化」

我透過 Kaggle 學到的事情之一，就是探索式資料分析有多麼重要。還記得剛開始學習機器學習的時候，總是將焦點放在演算法與建立模型這類事情上面，但最近越來越覺得探索式資料分析有其價值所在，尤其現在建立機器學習模型的門檻越來越低，要與別人拉開差距，就一定要了解探索式資料分析（EDA）。

自動執行前置處理與建立機器學習模型的技術已有長足的進步，只要輸入資料，就能自動建立堪用的模型，而且模型的性能也越來越強，但這類技術還沒辦法處理多個表格的資料，也無法處理特定的工作，因此 Kaggler 唯有透過 EDA 與建立模型的技術才能突顯自己的長處。

我從最近的表格資料競賽發現觀察資料這件事越來越重要。資料科學的套件與技術已慢慢普及，一般的迴歸、分類問題已可在公司內部自行解決，這導致 Kaggle 的表格資料競賽在資料集與課題設定上，都設定了比較有固定特性的題目。

例 如 2019 年 舉 辦 的「LANL Earthquake Prediction」[15]、「Santander Customer Transaction Prediction」[32]、「IEEE-CIS Fraud Detection」[33]都是必須仔細觀察資料並且執行適當處理的團隊拿到前面的名次。

我覺得一般的表格資料競賽越來越少，該如何透過 EDA 解決問題的重要性似乎越來越高。

我覺得探索式資料分析主要分成兩種模式，一種是一開始先掌握資料的輪廓，一種是先嘗試預測，再找出假設。

〔15〕 LANL Earthquake Prediction
https://www.kaggle.com/c/LANL-Earthquake-Prediction (Accessed: 30 November 2019).

〔32〕 Santander Customer Transaction Prediction
https://www.kaggle.com/c/santander-customer-transaction-prediction (Accessed: 30 November 2019).

〔33〕 IEEE-CIS Fraud Detection
https://www.kaggle.com/c/ieee-fraud-detection (Accessed: 30 November 2019).

原來如此，如此分類之後，探索式資料分析也變得比較容易了解了呢。話說，Pandas Profiling 做的就是掌握資料的輪廓。若是參加 Kaggle 就能閱讀別人的 Notebook，然後試著利用 Pandas Profiling 了解資料。

為了找到假設而執行探索式資料分析是很花時間的，為了在分數上與別人稍微拉開差距，通常會執行各種探索式資料分析。

問題在於該如何學會後者的技巧。我發現大部分的 Kaggler 似乎都是透過實戰學會技巧的。

這部分的確不容易，只能多參賽，累積直覺與技巧。雖然 Kaggle 不會出現完全一樣的題目，但就我印象所及，的確能從類似的競賽學到不少東西。例如在「IEEE-CIS Fraud Detection」[33] 取得個人金牌的 Kaggle Master 的 nejumi 就曾提到這次參賽用到了「Home Credit Default Risk」[34] 的經驗。

每次預賽，都能學到適合該賽事的方法，而且 Notebook 怎麼讀都讀不膩。

咖哩大大負責的 Kaggle 講座也介紹探索式資料分析對吧！聽眾的迴響如何？

大家對 Pandas Profiling 的反應特別好，除了初學者之外，連在職場負責資料分析的人都覺得很感動。因為要從零開始寫 Pandas Profiling 真的很辛苦啊！

我覺得自動建立機器學習模型與 Pandas Profiling 這類利用特定格式建立概要資料的技術會繼續進化。就像 u++ 大大說的，必須從上述兩點之外的地方與別人拉開差距，而 EDA 並不是讓資料變得具體透明的技巧，接下來的時代需要的是綜合實力，所以必須更全面地學習。

---

〔34〕 Home Credit Default Risk
https://www.kaggle.com/c/home-credit-default-risk (Accessed: 30 November 2019).

2.4
在此拉開差距！
基於假設建立新的特徵值

2.4 ～ 2.8 節將介紹一邊改造現有的 Notebook，一邊學習提升分數的方法，這節要先介紹在獲得獎牌的競賽廣泛使用的方法。希望大家能藉此得到「原來這種方法可以提升分數啊」的體驗，同時將這次的體驗視為自己參加競賽的里程碑。

讓我們先試著透過特徵工程體驗提升分數的原理吧！第一步，先為大家介紹在參加 Kaggle 的競賽時不可或缺的「再現性」。

2.4.1 再現性的重要性

所謂的「再現性」就是不管執行幾次，都能得到相同結果的意思，在 Kaggle 的世界裡，意味著能得到相同的分數。

若缺乏再現性，每次執行推測都會得到不同的分數，而且就算透過特徵工程提升了分數，也無法得知預測模型的性能是否改善。

其實 2.2 節的 Notebook 缺乏這種再現性，原因出在以亂數填補 Age 這種特徵值的遺漏值。雖然這個亂數具備平均值與標準差的特性，卻還是會在每次進行推測時改變。

```
1: age_avg = data['Age'].mean()
2: age_std = data['Age'].std()
3:
4: data['Age'].fillna(np.random.randint(age_avg - age_std, age_avg + age_std),
5:                     inplace=True)
```

為了確保再現性，可試著使用下列的方法。

1. 刪除亂數的部分

2. 指定亂數種子，固定執行結果

就 Age 而言，從現有的資料算出中位數，接著利用這個中位數填補遺漏值，應該會比利用亂數填補來得更合理，所以這次要試著改寫程式碼，藉此以中位數填補遺漏值。

```
1: data['Age'].fillna(data['Age'].median(), inplace=True)
```

大部分的機器學習演算法都會使用亂數，所以為了確保再現性，固定亂數 seed 才是比較理想的做法。2.2 節的內容就是將機器學習演算法「邏輯迴歸」的超參數指派為「random_state=0」，讓亂數種子 seed 固定。

```
1: clf = LogisticRegression(penalty='l2', solver='sag', random_state=0)
```

像這樣參加 Kaggle 的競賽時，一定要隨時確認自己的程式是否具備再現性，不過若是利用 GPU 運算，有時候會無法確保再現性，所以要注意的是，就算固定了亂數種子 seed，也只是得到以該 seed 為條件的結果，一旦調整 seed，就很可能會得到其他結果。

Kaggle 的 Notebook 也有如下固定所有亂數的函數，提供大家參考[35]。

```
1: def seed_everything(seed=1234):
2:     random.seed(seed)
3:     os.environ['PYTHONHASHSEED'] = str(seed)
4:     np.random.seed(seed)
5:     torch.manual_seed(seed)
6:     torch.cuda.manual_seed(seed)
7:     torch.backends.cudnn.deterministic = True
```

2.4.2 根據假設建立新的特徵值

接著讓我們動手建立新的特徵值。從 2.3 節探索式資料分析的結果得知，當 Parch 與 SipSp 同時超過一定程度的值，生存率就會下滑，因此讓我們試著進一步探討「加總 Parch 與 SibSp，建立《家人人數》這個新的特徵值，有可能提升預測性能」這個假設。

為了驗證這個假設是否成立，我們先進入「可視化」作業，建立新的「FamilySize」欄位，再依照這個欄位的大小與生存與否的資料繪製圖 2.36 的直條圖。

- Survived==0: 死亡
- Survived==1: 生存

---

[35] Deterministic neural networks using PyTorch
https://www.kaggle.com/bminixhofer/deterministic-neural-networks-using-pytorch
(Accessed: 30 November 2019).

```
1: import seaborn as sns
2:
3:
4: data['FamilySize'] = data['Parch'] + data['SibSp'] + 1
5: train['FamilySize'] = data['FamilySize'][:len(train)]
6: test['FamilySize'] = data['FamilySize'][len(train):]
7: sns.countplot(x='FamilySize', data=train, hue='Survived')
```

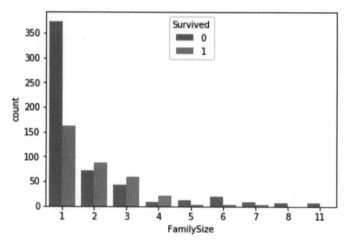

圖 2.36　FamilySize 與 Survived

由上圖可以發現，當 FamilySize >=5 的時候，死亡率就會高過生存率，生存率變低的事實，原本的假設也在資料經過可視化作業處理後，升級成「當 FamilySize >=5，生存率跟著變低，所以這個特徵值似乎能提升預測性能」這種準確度較高的假設。

像「Family」這樣根據假設從不同的統計座標軸分析以及讓資料可視化，確認該統計座標軸是否能提升預測性能是很有效的做法。

從這次的可視化作業發現，「FamilySize==1」的人非常多，且生存率很低的事實。

由於「FamilySize==1」這個特徵值似乎也能提升預測性能，所以如下改寫程式，新增「IsAlone」這個特徵值。

```
1: data['IsAlone'] = 0
2: data.loc[data['FamilySize'] == 1, 'IsAlone'] = 1
3:
4: train['IsAlone'] = data['IsAlone'][:len(train)]
5: test['IsAlone'] = data['IsAlone'][len(train):]
```

像這樣不斷建立假設與進行可視化作業，可從現有的資料找出提升機器學習演算法預測性能的新特徵值。

若想判斷新增的特徵值是否「有用」，可試著 submit 下列四種模式的學習結果，看看分數是否上升，就知道這個特徵值在某種程度上的實用性。

- 加入「FamilySize」與「IsAlone」這兩個特徵值

- 只加入「FamilySize」這個特徵值

- 只加入「IsAlone」這個特徵值

- 「FamilySize」與「IsAlone」這兩個特徵值都不加入

至於為什麼會是「某種程度」，將在 2.7 節介紹。

2.4.3 學習特徵工程的技術

在進行特徵工程時，必須先了解有哪些方法可行。讓我們從前輩的經驗學習能建立何種假設以及將假設寫成程式碼的方法吧！

- 日文書籍有『Kaggle で勝つデータ分析の技術』[36] 以及『機械学習のための特徴量エンジニアリング』[37]

- Slide 則有「最近の Kaggle に学ぶテーブルデータの特徴量エンジニアリング」[38]可以參考。

- 除了特徵工程之外，其他內容也相當豐富的部落格文章「【随時更新】Kaggle テーブルデータコンペできっと役立つ Tips まとめ」[39]。

〔36〕門脇大輔・阪田隆司・保坂桂佑・平松雄司，『Kaggle で勝つデータ分析の技術』，技術評論社，2019
〔37〕著：Alice Zheng, Amanda Casari, 訳：株式会社ホクソエム，『機械学習のための特徴量エンジニアリング』，オライリージャパン，2019
〔38〕最近の Kaggle に学ぶテーブルデータの特徴量エンジニアリング
https://www.slideshare.net/mlm_kansai/kaggle-138546659 (Accessed: 30 November 2019).
〔39〕【随時更新】Kaggle テーブルデータコンペできっと役立つ Tips まとめ
https://naotaka1128.hatenadiary.jp/entry/kaggle-compe-tips (Accessed: 30 November 2019).

對談 ⑤ 特徵工程會決定勝負

特徵工程可說是勝負的關鍵啊！

就是說啊，對競賽的特性有多少了解，能否建立有助預測的特徵值是決定勝負的關鍵。

我的特徵工程技術幾乎都是自學的，而且是一邊參加 Kaggle 一邊學習，u++ 大大都是怎麼學習的呢？

先閱讀過去的資料囉，例如 nejumi 大大的資料〔40〕。

的確，「Kaggle Tokyo Meetup」的資料實在很有參考價值。最近也有把這些內容整理成條列式的部落格文章〔39〕，我覺得事先利用這類文章掌握競賽的手感，之後再讀 Notebooks 或 Discussion 會更容易了解競賽的特性。

現在 Twitter 也有稱為「Kaggle 之書」的《Kaggle で勝つデータ分析の技術》〔36〕。若是從特徵工程這個角度來看，《機械学習のための特徴量エンジニアリング》〔37〕或《前処理大全》〔41〕也很值得一讀。

現在就可以讀這本書了，就 Kaggle 的表格資料而言，這實在是件好事。

具備領域知識的確能更有效執行特徵工程啊！Kaggle Grandmaster 的 ONODERA 大大就曾在個人得到第二名的「Instacart Market Basket Analysis」競賽〔42〕揭露從建立帳號到下訂單這一連串的畫面〔43〕。這的確是能切身感受「了解使用者心情」有多麼重要的例子。天體多級分數的「PLAsTiCC Astronomical Classification」競賽〔44〕的第一名好像也是超新星爆發的相關研究人員。

我在參加「PLAsTiCC Astronomical Classification」競賽時，也讀了好幾本類似《基礎からわかる天文学》的書。讀書可讓自己跳脫既有的知識，想到之前沒想到的特徵值，一旦能建立這個特徵值，分數就會往上提升一大步。當時的競賽讓我深刻感受到領域知識的重要性。

 我在「PetFinder.my Adoption Prediction」競賽[11]建立了網站的帳號，之後也去了讓人開心的貓咪咖啡廳喲（笑）。雖然沒找到能提升預測性能的特徵值，但還是得到許多靈感，例如照片很重要，或是貓咪要取一個好叫一點的名字。

〔11〕 PetFinder.my Adoption Prediction
https://www.kaggle.com/c/petfinder-adoption-prediction (Accessed: 30 November 2019).

〔40〕 nejumi/kaggle_memo
https://github.com/nejumi/kaggle_memo (Accessed: 30 November 2019).

〔41〕 本橋智光，『前処理大全』，技術評論社，2018

〔42〕 Instacart Market Basket Analysis
https://www.kaggle.com/c/instacart-market-basket-analysis (Accessed: 30 November 2019).

〔43〕 第2回：「Kaggle」の面白さとは--食品宅配サービスの購買予測コンペで考える -
https://japan.zdnet.com/article/35124706/ (Accessed: 30 November 2019).

〔44〕 PLAsTiCC Astronomical Classification
https://www.kaggle.com/c/PLAsTiCC-2018 (Accessed: 30 November 2019).

〔45〕 半田利弘，『基礎からわかる天文学』，誠文堂新光社，2011

2.5
決策樹是最強的演算法？
試著使用各種機器學習演算法

到目前為止，我們採用的是邏輯迴歸這種機器學習演算法。

接著讓我們試用各種機器學習演算法吧！主要是將邏輯迴歸的部分換掉，再進行學習與預測。

用於撰寫邏輯迴歸的 sklearn 套件最近統一了輸出／輸入的介面，所以可以輕鬆地變更機器學習演算法。

最近 Kaggle 競賽的前段班較常使用的機器學習演算法有「決策樹」與「類神經網路（Neural Network，NN）這兩種，而這兩種在敘述力與性能面上，都勝過邏輯迴歸這種演算法。

Kaggle 競賽的前段班特別愛用「LightGBM」這種決策樹的套件，這個套件與 sklearn 內建了相同的介面，但本節要使用「Python-package Introduction」這個頁面[46] 介紹的方法撰寫，以便更有效率地使用記憶體。

2.5.1　sklearn

第一步要先變更 sklearn 之內的機器學習演算法。到目前為止，我們都是使用邏輯迴歸這個演算法。

```
1: from sklearn.linear_model import LogisticRegression
2:
3:
4: clf = LogisticRegression(penalty='l2', solver='sag', random_state=0)
```

只要更換 clf 宣告的模型，就能更換 sklearn 的機器學習演算法。讓我們試著使用「隨機森林」[29] 這個機器學習演算法。

[46] Python-package Introduction
　　https://lightgbm.readthedocs.io/en/latest/Python-Intro.html (Accessed: 30 November 2019).

```
1: from sklearn.ensemble import RandomForestClassifier
2:
3:
4: clf = RandomForestClassifier(n_estimators=100, max_depth=2, random_state=0)
```

後續可一如往常地仿照邏輯迴歸的方法進行學習與預測。

```
1: clf.fit(X_train, y_train)
2: y_pred = clf.predict(X_test)
```

submit 隨機森林的預測結果之後，在作者的環境下，得到 0.77990 這個比採用邏輯迴歸之際更高的分數（圖 2.37）。

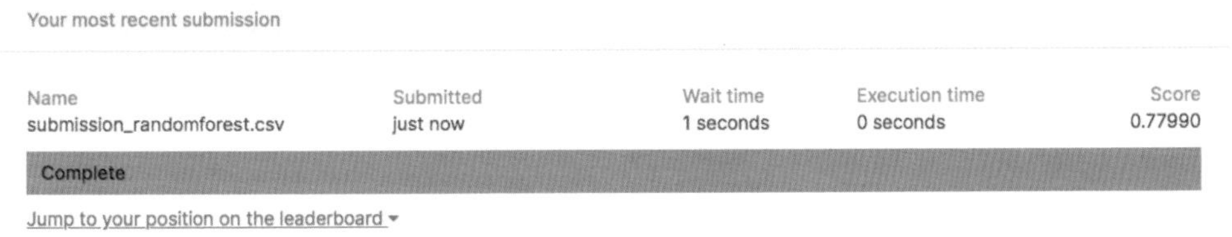

Your most recent submission

Name	Submitted	Wait time	Execution time	Score
submission_randomforest.csv	just now	1 seconds	0 seconds	0.77990

Complete

Jump to your position on the leaderboard ▾

圖 2.37　採用隨機森林的預測結果

sklearn 內建了非常多種機器學習演算法，也都整理成官方文件「Supervised learning」（監督式學習）[47]，有機會的話，大家務必試用看看。

2.5.2 LightGBM

接著讓我們試著 LightGBM。由於與 sklearn 有些差異，所以需要進行一些事前準備。

1　將資料集分割成用於學習與驗證的兩個部分
2　以清單格式宣告分類變數

將資料集分割成用於學習與驗證的兩個部分

LightGBM 是以「決策樹」為雛型的機器學習演算法。

決策樹是非常單純的機器學習演算法，請大家先參考圖 2.38。從中可發現，這種演算法會對一個特徵值指定一個臨界值，接著以多重條件分歧決定預測值。使用學習專用資料集可學習該以何種特徵值與臨界值進行判斷。

---

〔47〕 Supervised learning
　　　 https://scikit-learn.org/stable/supervised_learning.html (Accessed: 30 November 2019).

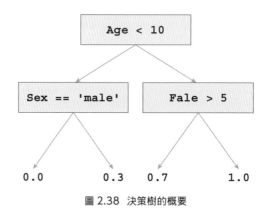

圖 2.38　決策樹的概要

LightGBM 是一種稱為「梯度提升決策樹」的方法，主要是一邊建立大量的決策樹，一邊進行學習。具體來說會像圖 2.39 一樣，先確認於某種時間點建立的決策樹的預測結果，接著再建立下一個決策樹，以便順利預測誤差明顯的資料。最終的預測值會利用在學習過程中建立的所有決策樹的預測值算出。

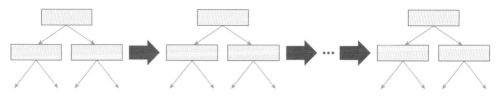

圖 2.39　梯度提升決策樹的概要

不斷地學習，預測性能就有可能提高，但有時會出現「過度擬合」這種本末倒置的現象，也就是能順利預測學習專用資料集的結果，卻無法預測未知值的現象，所以通常會一邊觀察模型套用驗證專用資料集之後的性能，一邊使用中斷學習的「early stopping」。

本節將 X_train 分割成 X_train（學習專用資料集）與 X_alid（驗證專用資料集）。

```
1: from sklearn.model_selection import train_test_split
2:
3:
4: X_train, X_valid, y_train, y_valid = \
5:     train_test_split(X_train, y_train, test_size=0.3,
6:                      random_state=0, stratify=y_train)
```

以清單格式宣告分類變數

LightGBM 會自動對分類變數進行特別處理[48]。讓我們利用下面的程式碼說明 LightGBM 要處理哪些分類變數吧！

```
1: categorical_features = ['Embarked', 'Pclass', 'Sex']
```

事前準備就緒之後，讓我們利用 LightGBM 進行學習與預測。

lightgbm.train() 函式的 num_boost_round（學習次數的最大值）設定為 1000，early_stopping_rounds 則是 early_stopping 的判斷基準，在這次的情況下是設定為 10，意思是連續以驗證專用資料集學習 10 次，模型性能仍未得到改善就中斷學習。

```
1: import lightgbm as lgb
2:
3:
4: lgb_train = lgb.Dataset(X_train, y_train,
5:                         categorical_feature=categorical_features)
6: lgb_eval = lgb.Dataset(X_valid, y_valid, reference=lgb_train,
7:                        categorical_feature=categorical_features)
8:
9: params = {
10:     'objective': 'binary'
11: }
12:
13: model = lgb.train(params, lgb_train,
14:                   valid_sets=[lgb_train, lgb_eval],
15:                   verbose_eval=10,
16:                   num_boost_round=1000,
17:                   early_stopping_rounds=10)
18:
19: y_pred = model.predict(X_test, num_iteration=model.best_iteration)
```

一邊顯示下列的執行歷程，一邊進行學習。

```
Training until validation scores don't improve for 10 rounds.
[10]    training's binary_logloss: 0.425241    valid_1's binary_logloss: 0.478975
[20]    training's binary_logloss: 0.344972    valid_1's binary_logloss: 0.444039
[30]    training's binary_logloss: 0.301357    valid_1's binary_logloss: 0.436304
[40]    training's binary_logloss: 0.265535    valid_1's binary_logloss: 0.438139
Early stopping, best iteration is:
[38]    training's binary_logloss: 0.271328    valid_1's binary_logloss: 0.435633
```

[48] lightgbm分類變數與遺漏值的處理的補充資訊
https://tebasakisan.hatenadiary.com/entry/2019/01/27/222102 (Accessed: 30 November 2019).

從執行歷程可以發現，在第 39 次的學習之後，連續學習 10 次，模型的性能都未得到改善，所以學習於第 48 次中斷。

```
1: y_pred[:10]
```

```
array([0.0320592 , 0.34308916, 0.09903007, 0.05723199, 0.39919906,
       0.22299318, 0.55036246, 0.0908458 , 0.78109016, 0.01881392])
```

在這次的 LightGBM 設定之下，輸出的結果為 0 ～ 1 的連續值。接著讓我們重新設定臨界值，只要高於 0.5 就視為 1，然後試著 submit。

```
1: y_pred = (y_pred > 0.5).astype(int)
2: y_pred[:10]
```

```
array([0, 0, 0, 0, 0, 0, 1, 0, 1, 0])
```

在筆者的環境下試著提交 LightGBM 的預測結果之後，可得到 0.75598 這個分數（圖 2.40）。由此可知，LightGBM 與隨機森林一樣，分數都比邏輯迴歸來得高，也可以發現使用不同的機器學習演算法，可提升 Kaggle 的分數。

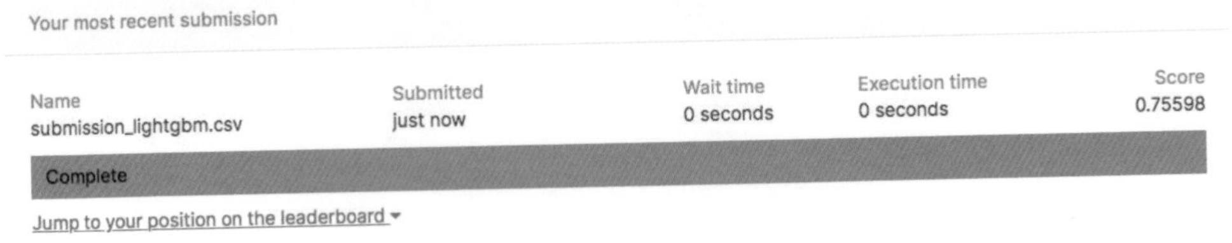

圖 2.40　LightGBM 的預測結果

2.5.3　其他的機器學習演算法

在梯度提升類型的演算法之中，除了這次介紹的 LightGBM，還有從幾年前就來勢洶洶的「XGBoost」[49] 或是現在尚未成為主流，卻慢慢嶄露頭角的「CatBoost」[50]。有時也會利用「PyTorch」[51]、「TensorFlow」[52] 這類套件撰寫類神經網路的演算法。

對談 ⑥ 選擇機器學習演算法的方法

印象中現在的 Kaggle 表格資料競賽都是使用 LightGBM 啊！

對啊，因為 LightGBM 又快又好用，所以用的人很多。

LightGBM 能接收包含遺漏值的資料，也能指定分類變數，還不需要標準化特徵值，對新手來說，實在是很親切，很值得一試。

也有人使用 XGBoost 或 CatBoost 這類梯度提升演算法的套件。許多人會在競賽快結束時使用，藉此得到更多元的模型。

我也常這麼做。在 LightGBM 問世之前，XGBoost 曾在 Kaggle 風靡一時，若學習 2、3 年前的解法，會常常看到 XGBoost 的相關內容。CatBoost 最近也很常更新，讓人覺得未來還有許多可能性。雖然時代變遷的速度很快，Kaggle 卻也因此成為一個很適合學習的地方。

我是在這 1、2 年開始學習機器學習的，所以「沒體驗過沒有 LightGBM 的時代」，但如果回推到 5 年前，真的可說是完全不同的時代，我也覺得很有興趣。

雖然要想在最近的競賽拿到金牌，大概都得使用 NN [38]，但是 NN 的特徵值工程需要填補遺漏值，也必須標準化特徵值，所以要使用也是有難度的。

〔49〕 XGBoost
https://xgboost.readthedocs.io/en/latest/ (Accessed: 30 November 2019).
〔50〕 CatBoost
https://catboost.ai/ (Accessed: 30 November 2019).
〔51〕 PyTorch
https://pytorch.org/ (Accessed: 30 November 2019).
〔52〕 TensorFlow
https://www.tensorflow.org/ (Accessed: 30 November 2019).

就我印象所及，若能成功建立 NN 的模型，的確能與其他參賽隊伍拉開差距。我自己是沒辦法建立優秀的 NN 模型，所以通常都是團隊成員幫忙。我希望自己也能建立這種模型，所以最近參賽都會試著挑戰。u++ 大大有用過其他的機器學習演算法嗎？

若是一般的機器學習教科書，最有名的演算法就是邏輯迴歸或支持向量機，但在 Kaggle 的話，梯度提升類型的演算法在性能面擁有壓倒性的優勢。

若以業務而言，為了提升解析性而使用線性迴歸的例子也有，若在網站應用程式使用，就必須考慮計算時間與模型的容量。

假設計算時間較短，在 Kaggle 也能加分。我覺得若有不只是針對性能評分的競賽的話，一定很有趣。

〔38〕在最近的 Kaggle 學習表格資料的特徵工程
https://www.slideshare.net/mlm_kansai/kaggle-138546659 (Accessed: 30 November 2019).

2.6

機器學習演算法的心情？
試著調整超參數

一如前述，機器學習演算法是由超參數這個值控制的，所以超參數當然會影響預測結果。

調整超參數的方法主要有兩種。

* 手動調整
* 利用微調工具調整

本節要先帶大家手動調整超參數，確認機器學習演算法的狀況，之後也要帶大家試用「Optuna」這個微調工具。

Kaggle 最近出現資料容量太大，無法在規定時間內利用上述的工具調整超參數的問題。一般來說，在特徵工程找到優質的特徵值，會比調整超參數更能大幅提升在 Kaggle 的分數，所以通常不會在調整超參數花太多時間，只會手動調整而已。

尤其 Kaggle 的參賽者會在 Notebooks 或 Discussion 公開調整完畢的超參數，就算還是要根據特徵值調整超參數，但只要公開的超參數還不差，基本上都能沿用。

2.6.1 手動調整

接下來要試著提升 LightGBM 的性能。到目前為止，都只指定「objective」，若未指定，「default」的值將自動定義[53]。

```
1: params = {
2:     'objective': 'binary'
3: }
```

[53] LightGBM Parameters
　　https://lightgbm.readthedocs.io/en/latest/Parameters.html (Accessed: 30 November 2019).

讓我們根據官方 documentation 的「Parameters Tuning」[54] 手動調整超參數吧！這份文件依照不同的目標介紹了各種調整超參數的祕訣。

- 第一個祕訣是「使用較大的 max_bin」。目前 default 的值為 255，這次試著調整為 300。
- 第二個祕訣是「使用較小的 learning_rate」。目前 default 的值為 0.1，在此調整為 0.05。
- 第三個祕訣是「使用較大的 num_leaves」。目前 default 的值為 31，試著調整為 40。

LightGBM 為了提升學習的速度，會將各特徵值轉換成多個直方圖。max_bin 是各特徵值最大分割數，若設定成較大的值，能提升機器學習演算法的敘述力。

learning_rate 為學習率，設定較小的值可更「謹慎」學習相對關係，提升預測的精確度。

num_leaves 則是單一決策樹的分岐最大數量。設定為較大的值，有機會提升機器學習演算法的敘述力。

敘述力提升的弊端之一就是計算量會增加，還有可能會出現過度擬合的現象，所以這三個超參數雖然可同時調整，但建議大家分批調整，才能看出這些超參數造成的影響。

```
 1: params = {
 2:     'objective': 'binary',
 3:     'max_bin': 300,
 4:     'learning_rate': 0.05,
 5:     'num_leaves': 40
 6: }
 7:
 8: lgb_train = lgb.Dataset(X_train, y_train,
 9:                         categorical_feature=categorical_features)
10: lgb_eval = lgb.Dataset(X_valid, y_valid, reference=lgb_train,
11:                        categorical_feature=categorical_features)
12:
13: model = lgb.train(params, lgb_train,
14:                   valid_sets=[lgb_train, lgb_eval],
15:                   verbose_eval=10,
16:                   num_boost_round=1000,
17:                   early_stopping_rounds=10)
18:
19: y_pred = model.predict(X_test, num_iteration=model.best_iteration)
```

[54] LightGBM Parameters-Tuning
https://lightgbm.readthedocs.io/en/latest/Parameters-Tuning.html (Accessed: 30 November 2019).

```
Training until validation scores don't improve for 10 rounds.
[10]    training's binary_logloss: 0.505699      valid_1's binary_logloss: 0.532106
[20]    training's binary_logloss: 0.427825      valid_1's binary_logloss: 0.482279
[30]    training's binary_logloss: 0.377242      valid_1's binary_logloss: 0.456641
[40]    training's binary_logloss: 0.345424      valid_1's binary_logloss: 0.447083
[50]    training's binary_logloss: 0.323113      valid_1's binary_logloss: 0.440407
[60]    training's binary_logloss: 0.302727      valid_1's binary_logloss: 0.434527
[70]    training's binary_logloss: 0.285597      valid_1's binary_logloss: 0.434932
Early stopping, best iteration is:
[66]    training's binary_logloss: 0.293072      valid_1's binary_logloss: 0.433251
```

這次將調整超參數之前與之後的值存入 y_pred。從中可以發現，輸出歷程有一些不一樣，而 valid_1's binary_loglooss 的最終值為 0.433251，變得比調整之前還小。這個值代表的是損失，所以越小越好。

在筆者的環境下提交 LightGBM 的預測結果之後，得到 0.77033 這個分數，相較於調整超參數之前的 0.75598，分數提升了（圖 2.41）。

圖 2.41　LightGBM 的預測結果

2.6.2　使用 Optuna

到目前為止，我們手動調整了超參數，但或許會有讀者出現下列的疑問。

- 說是「較大」、「較小」的值，但到底該調多大或多少呢？
- 各種參數的組合有很多種，要一個個調整，再透過執行來驗證性能，真的很麻煩。

能幫我們解決這類問題的工具就是超參數微調工具，例如「Grid search」[55]、「Bayesian Optimization」[56]、「Hyperopt」[57]、「Optuna」[58] 都是其中一種。

---

[55] sklearn.model_selection.GridSearchCV
https://scikit-learn.org/stable/modules/generated/sklearn.model_selection.GridSearchCV.html (Accessed: 30 November 2019).

[56] Bayesian Optimization
https://github.com/fmfn/BayesianOptimization (Accessed: 30 November 2019).

[57] Hyperopt
https://github.com/hyperopt/hyperopt (Accessed: 30 November 2019).

[58] Optuna
https://optuna.org/ (Accessed: 30 November 2019).

這次要使用的是筆者覺得特別好用的 Optuna。

使用 Optuna 的時候，要先在下面的 trial.suggest_int() 之內定義搜尋範圍。指定方法可於官方 documentation 的「Trial」[59] 確認。

這次不會主動調整 learning_rate，因為利用 LightGBM 處理表格資料時，learning_rate 越低，模型的性能越優異，所以若有必要，之後再手動調整為較低的值。

```python
1: import optuna
2: from sklearn.metrics import log_loss
3:
4:
5: def objective(trial):
6:     params = {
7:         'objective': 'binary',
8:         'max_bin': trial.suggest_int('max_bin', 255, 500),
9:         'learning_rate': 0.05,
10:        'num_leaves': trial.suggest_int('num_leaves', 32, 128),
11:    }
12:
13:    lgb_train = lgb.Dataset(X_train, y_train,
14:                        categorical_feature=categorical_features)
15:    lgb_eval = lgb.Dataset(X_valid, y_valid, reference=lgb_train,
16:                        categorical_feature=categorical_features)
17:
18:    model = lgb.train(params, lgb_train,
19:                        valid_sets=[lgb_train, lgb_eval],
20:                        verbose_eval=10,
21:                        num_boost_round=1000,
22:                        early_stopping_rounds=10)
23:
24:    y_pred_valid = model.predict(X_valid,
25:                        num_iteration=model.best_iteration)
26:    score = log_loss(y_valid, y_pred_valid)
27:    return score
```

[59] Optuna Trial
https://optuna.readthedocs.io/en/latest/reference/trial.html (Accessed: 30 November 2019).

n_trials 為計算次數。這次為了減少計算次數，設定為 40 次，也固定亂數種子[60]。

```
1: study = optuna.create_study(sampler=optuna.samplers.RandomSampler(seed=0))
2: study.optimize(objective, n_trials=40)
3: study.best_params
```

```
{'max_bin': 427, 'num_leaves': 79}
```

依照設定的次數在指定範圍內搜尋之後，會顯示最優質的超參數。在筆者的環境下重新預測與 submit 之後，得到 0.77033 這個分數（圖 2.4.2），沒想到居然與手動調整的時候同分。或許調整搜尋範圍或計算次數可以得到更好的成績。

圖 2.42 利用 Optuna 調整之後，LightGBM 的預測結果

不管是手動調整還是利用微調工具調整，都必須正確地了解超參數，而不是不明究理地使用機器學習演算法。

雖然是英文版的說明，但建議大家參考官方 documentation 的超參數說明。若想閱讀日文相關資訊，可閱讀《Kaggle で勝つデータ分析の技術》[36]一書，裡面介紹了筆者在此介紹的各種調整超參數的思維。「勾配ブースティングで大事なパラメータの気持ち」[61]也介紹了 LightGBM 這類梯度提升演算法的主要超參數。LightGBM 的開發者所發表的資料[62]也介紹了從開發者的角度調整超參數的方法，這些資料都很有參考價值。

［36］門脇大輔・阪田隆司・保坂桂佑・平松雄司，『Kaggleで勝つデータ分析の技術』，技術評論社，2019
［60］於 Optuna 固定亂數種子的方法
　　　https://qiita.com/phorizon20/items/1b795beb202c2dc378ed (Accessed: 30 November 2019).
［61］梯度提升演算法的重要參數的心情
　　　https://nykergoto.hatenablog.jp/entry/2019/03/29/勾配ブースティングで大事なパラメータの気持ち
　　　(Accessed: 30 November 2019).
［62］與知名函式庫比較之後的LightGBM的現況
　　　https://alphaimpact.jp/downloads/pydata20190927.pdf (Accessed: 30 November 2019).

對談 ⑦ 調整超參數的原創方法

本節的重點之一就是調整超參數,但我個人覺得,Kaggle 似乎沒那麼重視超參數,尤其在表格資料競賽使用梯度提升模型的時候,只要設定不要差太多,Kaggle 似乎希望參賽者花更多時間在特徵工程上。

我也這麼覺得,尤其常常看到從 Notebook 複製超參數或使用前次競賽的超參數的例子。

我應該比較常在競賽的開頭與結束調整超參數,前者是為了建立第一個基準,後者則是做最後的努力。我通常會一邊對照學習專用資料集與驗證專用資料集的性能,一邊手動調整超參數。

我也會調整超參數,但通常會在競賽尾聲時,利用 Optuna 結束調整。讓 Optuna 在我睡覺的時候執行,早上起床時,超參數大概就調整好了。

就算要使用 Optuna,果然還是得了解超參數的意義。

一方面是必須依照資料修正搜尋範圍,另一方面是不希望好不容易走到最後關頭的競賽,因為超參數沒調整好而功虧一簣。有些部落格文章會一直輸出調整歷程或是微調沒有意義的超參數,有些部落格還照抄這些文章。我有時也會複製與貼上別人的內容,但我真的覺得了解超參數是件很重要的事。

雖然這是在了解梯度提升的參數,再進行設定的方法,但只要好好閱讀其中一個套件的 documentation 或論文,應該就能於其他套件應用。

2.7
在 submit 之前！
了解「Cross Validation」的重要性

到目前為止，我們學習透過特徵工程、機器學習演算法的超參數提升分數的方法。

這節則要為大家介紹評估機器學習模型性能的「validation」。

2.7.1　不能用 submit 之後的分數驗證嗎？

到目前為止，我們將預測結果 submit 至 Kaggle，也利用得到的分數評估模型的性能，但其實這個方法會有下列這兩個問題。

- submit 的次數有上限
- 在 Public LB 得到高分，有可能只是因為以部分資料學習之後，產生了過度擬合的現象。

■submit 的次數有上限

Kaggle 的競賽通常會限制單日 submit 次數，若不確定會拿到更高的分數，還盲目地 submit 的話，算不上是明智之舉，也很容易陷入只以單日 submit 次數測試模型性能的盲點。

■在 Public LB 得到高分，有可能只是因為以部分資料學習之後，產生了過度擬合的現象

在能獲得獎牌的競賽裡，通常只會讓部分資料在 Public LB 使用，以便隨時確認分數，但最終的排名還是由相對於 Private LB 的資料的性能決定（圖 2.43）。

圖 2.43　資料集的分割

就算在 Public LB 拿到高分，很有可能只是過度擬合的假象，不一定有助於提升 Private LB 的性能。Public LB 與 Private LB 的分割方法通常不會讓參賽者知道，所以也會有不知道在 Public LB 使用的是什麼資料的問題。

這個例子雖然有點極端，但是讓我們試著想想看，在 Titanic 這種二元分類的問題之中，有沒有可能 Public LB 的資料全部都是標籤為「0」的資料？假設這個可能性成真，那麼就算建立了能在 Public LB 這邊取得高分的模型，也無法確認這個模性對標籤為「1」的資料的推測性能。

■利用學習專用資料集建立驗證專用資料集

基於上述問題，在 Kaggle 參賽時，通常會根據學習專用資料集建立驗證專用資料集，藉此測試模型的性能。

由於是自行從學習專用資料集分割部分資料作為驗證的資料集使用，所以能全盤掌握這份驗證專用的資料集，而且連目標變數都十分了解。

而且這種做法不需 submit 也能手動計算分數，所以不會有受 submit 次數限制的問題。雖然建立驗證專用資料集的方法不一定正確，但至少比無法得知全貌的 Public LB 分數來得更值得信任。

2.7.2 Hold-Out 驗證

其實使用 LightGBM 的時候，就已經先以「Hold-Out 驗證」這種方法驗證了。請大家先看一下圖 2.44，試著回想一下先分割學習專用資料集，再讓 LightGBM 開始學習的這件事。

圖 2.44　Hold-Out 驗證

不用 submit 也能自行確認相對於驗證專用資料集的性能，大家可不斷驗證，直到得到高分為止，再 submit 至 Kaggle。

2.7.3 Cross Validation（交叉驗證）

「Cross Validation（交叉驗證）」比 Hold-Out 驗證更能全面驗證模型的性能。所謂的 Cross Validation 就是像圖 2.45 般，以不同的方法分割資料集，再逐次進行 Hold-Out 驗證的方法。算出逐次驗證之後的分數的平均，就能弭平單次 Hold-Out 驗證可能產生的偏差。

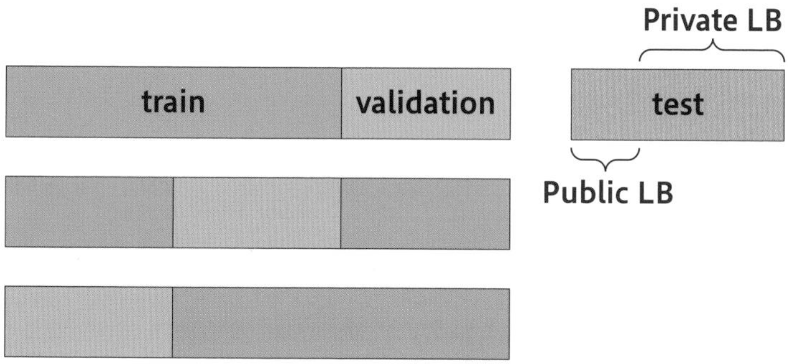

圖 2.45 Cross Validation

要進行上述的 Cross Validation，其實只要多寫幾次 train_test_split() 就好，但其實 sklearn 已經內建了 KFold 這個非常方便的類別，其中的 n_splits 為分割數，本次範例將資料集分成五份。

```
1: from sklearn.model_selection import KFold
2:
3:
4: kf = KFold(n_splits=5, shuffle=True, random_state=0)
```

下面是程式碼的全貌。

```
 1: from sklearn.model_selection import KFold
 2:
 3:
 4: y_preds = []
 5: models = []
 6: oof_train = np.zeros((len(X_train),))
 7: cv = KFold(n_splits=5, shuffle=True, random_state=0)
 8:
 9: categorical_features = ['Embarked', 'Pclass', 'Sex']
10:
11: params = {
12:     'objective': 'binary',
13:     'max_bin': 300,
14:     'learning_rate': 0.05,
15:     'num_leaves': 40
16: }
17:
18: for fold_id, (train_index, valid_index) in enumerate(cv.split(X_train)):
19:     X_tr = X_train.loc[train_index, :]
20:     X_val = X_train.loc[valid_index, :]
21:     y_tr = y_train[train_index]
22:     y_val = y_train[valid_index]
23:
```

```
24:     lgb_train = lgb.Dataset(X_tr, y_tr,
25:                             categorical_feature=categorical_features)
26:     lgb_eval = lgb.Dataset(X_val, y_val, reference=lgb_train,
27:                             categorical_feature=categorical_features)
28:
29:     model = lgb.train(params, lgb_train,
30:                             valid_sets=[lgb_train, lgb_eval],
31:                             verbose_eval=10,
32:                             num_boost_round=1000,
33:                             early_stopping_rounds=10)
34:
35:     oof_train[valid_index] = \
36:         model.predict(X_val, num_iteration=model.best_iteration)
37:     y_pred = model.predict(X_test, num_iteration=model.best_iteration)
38:
39:     y_preds.append(y_pred)
40:     models.append(model)
```

執行 Cross Validation 的時候，通常會將各分割的平均分數視為真正的分數。此時的分數稱為「CV 分數」，有時會直接簡稱為「CV」。

分割的最小單位稱為「fold」（圖 2.46）。在各分割資料之中，沒用於學習的 fold 稱為「Out-of-fold（oof）」。

oof_train 這個變數名稱的意思是「train（學習專用資料集）的 oof」，用來儲存對各分割的 oof 進行預測之後的結果。

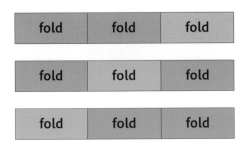

圖 2.46　Out-of-fold

```
1: scores = [
2:     m.best_score['valid_1']['binary_logloss'] for m in models
3: ]
4: score = sum(scores) / len(scores)
5: print('===CV scores===')
6: print(scores)
7: print(score)
```

```
===CV scores===
[0.3691161193267495, 0.4491122965802196, 0.3833384988458873, 0.43712149656630833,
0.43469994547894103]
0.41467767135962114
```

Cross Validation 具有不浪費學習專用資料集的優點。Hold-Out 驗證的缺點在於用於驗證的資料集無法用於學習，但 Cross Validation 是將學習專用資料集分割成好幾分，所以能將所有資料用於學習。

在筆者的環境下 submit 這個預測值，得到了 0.76555 的分數（圖 2.47），分數比利用 Hold-Out 驗證的時候更糟。

圖 2.47 利用 Cross Validation 之後的預測結果

分數下滑的原因之一應該在資料集的分割方式。最後，為大家進一步解說這個部分。

2.7.4 資料集的分割方法

在分割資料集的時候，要特別重視資料集或課題設定的特徵。

之前使用的 KFold 都沒有考慮資料集或課題設定的特徵，就直接分割資料集。舉例來說，試著觀察學習、驗證專用資料集的「Y==1」的比例可得到下列的結果，從中可以發現當 fold_id 為 2 或 4，比例也會跟著不同。

```
1: from sklearn.model_selection import KFold
2:
3:
4: cv = KFold(n_splits=5, shuffle=True, random_state=0)
5: for fold_id, (train_index, valid_index) in enumerate(cv.split(X_train)):
6:     X_tr = X_train.loc[train_index, :]
7:     X_val = X_train.loc[valid_index, :]
8:     y_tr = y_train[train_index]
9:     y_val = y_train[valid_index]
10:
11:     print(f'fold_id: {fold_id}')
```

```
12:     print(f'y_tr y==1 rate: {sum(y_tr)/len(y_tr)}')
13:     print(f'y_val y==1 rate: {sum(y_val)/len(y_val)}')
```

```
fold_id: 0
y_tr y==1 rate: 0.38342696629213485
y_val y==1 rate: 0.3854748603351955
fold_id: 1
y_tr y==1 rate: 0.3856942496493689
y_val y==1 rate: 0.37640449438202245
fold_id: 2
y_tr y==1 rate: 0.39831697054698456
y_val y==1 rate: 0.3258426966292135
fold_id: 3
y_tr y==1 rate: 0.3856942496493689
y_val y==1 rate: 0.37640449438202245
fold_id: 4
y_tr y==1 rate: 0.36605890603085556
y_val y==1 rate: 0.4550561797752809
```

容我重申一次，Kaggle 的目的在於提升對未知資料集 Private LB 的預測性能，所以優質的驗證專用資料集就是與 Private LB 相似的資料集。

雖然沒有人知道 Private LB 的「y==1」的正確比例，但也有人認為是與學習專用資料集的比例相同，所以不管是驗證專用資料集還是學習專用資料夾，保持「y==1」才是理想的分割比例。

若「y==1」的比例不均等，重視或忽略「y==1」的重要性，可能無法順利學習機器學習演算法。在這種情況下，機器學習演算法會無法學習特徵，預測未知資料集的性能也有可能下滑。這有可能就是使用 KFold 預測，結果分數反而下滑的原因。

順帶一提，當我們在 2.5.2 節使用 train_test_split() 的時候，曾以 stratify 這個參數指定 y_train，這個設定可在不改變比例的前提下，將資料集一分為二。

```
1: from sklearn.model_selection import train_test_split
2:
3:
4: X_train, X_valid, y_train, y_valid = \
5:     train_test_split(X_train, y_train, test_size=0.3,
6:                      random_state=0, stratify=y_train)
```

為了在不改變比例的前提下執行 Cross Validation，可使用 sklearn 的 StratifiedKFold()。如此一來，學習與驗證專用資料集的「y==1」的比例就能保持均等。

```
1: from sklearn.model_selection import StratifiedKFold
2:
3:
4: cv = StratifiedKFold(n_splits=5, shuffle=True, random_state=0)
5: for fold_id, (train_index, valid_index) in enumerate(cv.split(X_train,
                                                                y_train)):
7:     X_tr = X_train.loc[train_index, :]
8:     X_val = X_train.loc[valid_index, :]
9:     y_tr = y_train[train_index]
10:    y_val = y_train[valid_index]
11:
12:    print(f'fold_id: {fold_id}')
13:    print(f'y_tr y==1 rate: {sum(y_tr)/len(y_tr)}')
14:    print(f'y_val y==1 rate: {sum(y_val)/len(y_val)}')
```

```
fold_id: 0
y_tr y==1 rate: 0.38342696629213485
y_val y==1 rate: 0.3854748603351955
fold_id: 1
y_tr y==1 rate: 0.38342696629213485
y_val y==1 rate: 0.3854748603351955
fold_id: 2
y_tr y==1 rate: 0.38429172510518933
y_val y==1 rate: 0.38202247191011235
fold_id: 3
y_tr y==1 rate: 0.38429172510518933
y_val y==1 rate: 0.38202247191011235
fold_id: 4
y_tr y==1 rate: 0.38375350140056025
y_val y==1 rate: 0.384180790960452
```

在筆者的環境下以上述的分割比例進行學習與預測之後，得到 0.77511 的分數（圖 2.48），這分數比利用 KFold 或 Hold-Out 驗證的時候還高。

圖 2.48 使用 StratifiedKFold() 之後的預測結果

分割時除了要注意目標變數的比例，還要注意下面這兩件事。

- 資料集內是否有時間序列的資料

- 資料集內是否有群組化資料

■資料集內是否有時間序列的資料

有時候在建立驗證專用資料集之際，必須注意時間序列的問題。

例如「Recruit Restaurant Visitor Forecasting」競賽[63]就如圖 2.49，依照時間軸分割資料集。

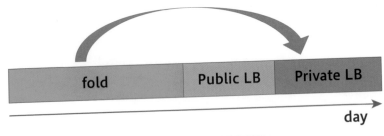

圖 2.49　以時間軸分割的資料集

此時的目的在於距離學習專用資料集一週時間的 Private LB 的性能，所以在自行建立驗證專用資料集的時候，必須如圖 2.50，以固定的間距分割資料集，才是最理想的方法。

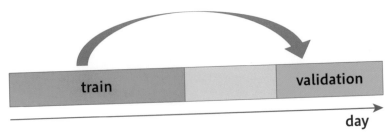

圖 2.50　考慮時間軸序列的驗證專用資料集

Kaggle Master 的 pocket 大大在這個競賽得到了第 12 名，而他的資料[64]非常適合用來了解以時間軸分割資料集的競賽，其中淺顯易懂地介紹了許多有關時間軸的重點，也介紹了相關的特徵工程。

---

[63] Recruit Restaurant Visitor Forecasting
https://www.kaggle.com/c/recruit-restaurant-visitor-forecasting (Accessed: 30 November 2019).

[64] Neko kin
https://www.slideshare.net/ShotaOkubo/neko-kin-96769953 (Accessed: 30 November 2019).

sklearn 方面則有 sklearn.model_selection.TimeSeriesSplit()[65]。不過，這個函數只是依照資料集的排列順序分割，並未採用時間軸的概念，因此視情況自行定義分割資料集的方法，才是比較實際的做法。

■ 資料集內是否有群組化資料

假設資料集中有群組化的資料，此時針對同一群組的資料進行預測時，會比較容易得到高分。

為了解釋箇中原因，在此打算以「State Farm Distracted Driver Detection」競賽[66]說明。這項競賽是根據駕駛圖片將駕駛禮儀分類成 10 級的問題（圖 2.51）。

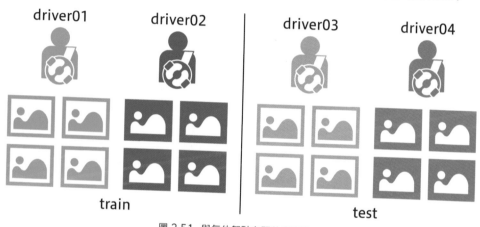

圖 2.51　與每位駕駛有關的多張圖片

在資料集裡，每一位駕駛都有幾張圖片，而且學習專用資料集與評估性能的驗證專用資料集之間，沒有重複的駕駛。

此時若依照圖 2.52 的方式，以駕駛全部混在一起的方式將資料集分割成學習專用與驗證專用的資料集，是非常不妥的做法，因為預測同一位駕駛的圖片相對是簡單的，所以利用驗證專用資料建立的模型，性能可能會異常的高。

[65] sklearn.model_selection.TimeSeriesSplit
https://scikit-learn.org/stable/modules/generated/sklearn.model_selection.
TimeSeriesSplit.html (Accessed: 30 November 2019).
[66] State Farm Distracted Driver Detection
https://www.kaggle.com/c/state-farm-distracted-driver-detection (Accessed: 30 November 2019).

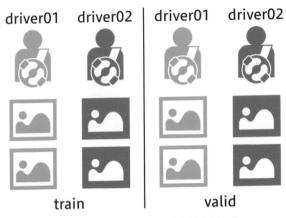

圖 2.52　兩邊的駕駛混在一起的分割方式

在分割資料集的時候，應該如圖 2.53，不讓同一位駕駛的圖片分割成學習與驗證專用的資料集。

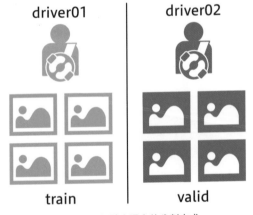

圖 2.53　駕駛未混合的分割方式

在這個競賽得到第 9 名的 Kaggle Grandmaster 的 iwiwi 大大提供了該怎麼分割這類資料集的資料[67]，如果大家想知道有群組資料的資料集該如何分割，非常建議大家一讀。

sklearn 有 sklearn.model_selection.GroupKFold()[68] 這個類別可進行這類分割，但這個函數無法攪亂資料的順序，也沒有亂數的設定，所以使用起來不太太順手。

〔67〕　Kaggle State Farm Distracted Driver Detection
　　　 https://speakerdeck.com/iwiwi/kaggle-state-farm-distracted-driver-detection (Accessed:
　　　 30 November 2019).

〔68〕　sklearn.model_selection.GroupKFold
　　　 https://scikit-learn.org/stable/modules/generated/sklearn.model_selection.GroupKFold.
　　　 html (Accessed: 30 November 2019).

對談 ⑧「Trust CV」

Kaggler 之間流傳著「Trust CV」這句話。這句話的意思是「比起 Public LB 的分數，更該相信自己算出來的 CV 分數」，但從這句話就可以得知 CV 分數有多麼重要。

Kaggle 高手真的很懂得建立優質的驗證專用資料集啊！

真的，Kaggle 有時會有 Public LB 與 Private LB 的順位大幅變動的競賽。但即使是這種「大洗牌」的競賽，擁有 Grandmaster 的參賽者仍然可以留在前幾名之內，真是讓我佩服得五體投地。

Kaggle Grandmaster 的 bestfitting 大大也曾在 Kaggle 的採訪[69]強調 validation 的重要性。

我記得 bestfitting 在採訪提到，他在最後兩次 submit 選擇了「安全牌」的模型與相對「有風險」的模型。如果是 u++ 大大，會採取哪種方針呢？

我的話，也是參考這個方針，選擇方向不同的兩種模型提交。

看選擇方式就能看出一個人的性格啊！團隊有時會意見不合。我能理解 bestfitting 大大的方式是非常好的選擇，但我的話，會選擇兩個「進攻性」的模型提交，所以有時會失敗，有時也會成功。

莫名其妙在 Public LB 拿到好成績的話，有時反而會不知接下來該怎麼辦。我在「LANL Earthquake Prediction」競賽[15]結束時，在 Public LB 闖進可以領到獎金的前五名，但當時的最後選擇是 Public LB 分數較高的模型與兩個從這個模型衍生而來的模型。結果這個競賽的結果一公佈，才發現 Public LB 與 Private LB 的分數呈現大幅乖離的狀態，所以我最後排名也掉到第 212 名（圖 2.54）。衍生的模型雖然能拿到銀獎牌，但我也因為這個競賽而得到教訓。

| 212 | ▼207 | [kaggler-ja] Shake it up! | | 2.49606 | 145 | 4mo |

圖 2.54 從 Public LB 的第 5 名跌到 Private LB 的第 212 名

在 Public LB 闖進前幾名之後，分數有幾成是「Trust CV」，真的很難知道，我參加「LANL Earthquake Prediction」競賽時，曾預測資料集的分佈狀況，建立了與該分佈狀況類似的驗證專用資料集。該驗證專用資料集算是團隊合力建立的自信之作，所以我們手邊雖然有在 Public LB 拿到 80 名的模型，但我們還是選擇了兩個只在 Public LB 拿到 3000 名的模型，沒想到居然在 Private LB 拿到第 3 名的佳績（圖 2.55）。

| 3 | ▲ 77 | **Character Ranking** | | | 2.29686 | 96 | 4mo |

圖 2.55 從 Public LB 的第 80 名躍升至 Private LB 的第 3 名

〔15〕 LANL Earthquake Prediction
https://www.kaggle.com/c/LANL-Earthquake-Prediction (Accessed: 30 November 2019).

〔69〕 Profiling Top Kagglers: Bestfitting, Currently #1 in the World
https://medium.com/kaggle-blog/profiling-top-kagglers-bestfitting-currently-1-in-the-world-58cc0e187b(Accessed: 30 January 2020).

2.8

「三個臭皮匠，勝過一個諸葛亮！」體驗集成學習

接下來要為大家解說機器學習的「集成學習」，這是一種組合多種機器學習模型，藉此提升預測性能的手法。

在 Kaggle 的競賽裡，集成學習常是在競賽尾聲的臨門一腳，近年來，也有許多團隊使用。

一開始讓我們先透過簡單的範例學習集成學習的思維，接著再實際確認集成學習的效果。

2.8.1 三個臭皮匠，勝過一個諸葛亮

在集成學習的文章之中，「Kaggle Ensembling Guide」[70] 可說是特別有名的一篇，在此引用「Kaggle Ensembling Guide」的開頭內容，學習集成學習的思維。

這裡要思考的是 10 個 y 的二元分類，問題的內容如下：

$(y_0, y_1, \ldots, y_9) = (0, 1, \ldots, 0)$

為了方便說明，後續只取出右側括號之內的數字，例如下面的範例是只將「y4 與 y9 預測為 1」的意思。

```
0000100001
```

接著讓我們思考所有的 y 都是 1 的題目。

```
1111111111
```

假設模型 A、B、C 分別針對這道題目進行了下列的預測。

---

[70] Kaggle Ensembling Guide
https://mlwave.com/kaggle-ensembling-guide/ (Accessed: 30 November 2019).

■模型 A ＝ 正解率 80%

```
1111111100
```

■模型 B ＝ 正解率 70%

```
0111011101
```

■模型 C ＝ 正解率 60%

```
1000101111
```

若目的是從這三個模型選擇性能最優異的模型，應該會選擇正解率 80% 的模型 A，但如果在此使用集成學習，可得到正解率超過 80% 的模型。

簡單來說，這次使用的集成學習就是「多數決」的技巧。我們會利用這個技巧確認每個模型預測 y0、y1、⋯、y9 的結木，再導出最終的預測結果。

以 y0 為例，模型 A 與模型 C 都預測是 1，模型 B 預測為 0，所以最終的預測結果為 1。

以此類推，可得到下列的最終預測結果。

■最終預測結果 ＝ 正解率 90%

```
1111111101
```

沒想到能得到比原本的所有模型更高的正解率。

由於「Kaggle Ensembling Guide」已說明了集成學習的公式，所以在本書略過不談，但簡單來說，就是以截長補短的方式，結合各模型的優點，得到更準確的預測結果。

2.8.2 於 Titanic 的實驗

接著讓我們利用之前製作的 csv 檔案實際確認集成學習的效果。要使用的是隨機森林與 LightGBM 的三個 csv 檔案。

- submission_lightgbm_skfold.csv
- submission_lightgbm_holdout.csv
- submission_randomforest.csv

這三個 csv 檔案可從下列網址下載。

```
https://www.kaggle.com/sishihara/submit-files
```

第一個是 2.7 節的 StratifiedKFold()，第二個是利用 Hold-Out 驗證製作的 csv 檔案，第三個是於 2.5 節，以隨機森林機器學習演算法製作的 csv 檔案。提交這三個檔案的預測結果之後，分別得到 0.77511、0.77033、0.77990 這三個分數。

```
1: import pandas as pd
2:
3:
4: sub_lgbm_sk = \
5:     pd.read_csv('../input/submit-files/submission_lightgbm_skfold.csv')
6: sub_lgbm_ho = \
7:     pd.read_csv('../input/submit-files/submission_lightgbm_holdout.csv')
8: sub_rf = pd.read_csv('../input/submit-files/submission_randomforest.csv')
```

為了確認預測有多麼相似而計算三者的相關性之後，可得到表 2.1 的結果。

表 2.1 三者彼此的相關性

	sub_lgbm_sk	sub_lgbm_ho	sub_rf
sub_lgbm_sk	1.000000	0.883077	0.796033
sub_lgbm_ho	0.883077	1.000000	0.731329
sub_rf	0.796033	0.731329	1.000000

與 sub_rf 的相關性為 0.731329，是在這三個預測值之間最低的數值。

集成學習的重點在於多元性，所以預測值的相關性越小越理想。雖然相關性的高低沒有固定的標準，但就集成學習的特性而言，低於 0.95 就可說是相關性較低。由於上述的相關性都很低，所以應該可利用集成學習的方式提升模型的性能。

在此同樣以多數決的方式決定預測值。加總三個檔案的預測值，並將合計大於 2 的預測值視為 1。

```
1: sub = pd.read_csv('../input/titanic/gender_submission.csv')
2: sub['Survived'] = \
3:     sub_lgbm_sk['Survived'] + sub_lgbm_ho['Survived'] + sub_rf['Survived']
4: sub['Survived'] = (sub['Survived'] >= 2).astype(int)
5: sub.to_csv('submission_lightgbm_ensemble.csv', index=False)
```

在筆者的環境下提交這個預測值，可得到 0.78468 這個高於過去的分數（圖 2.56）。

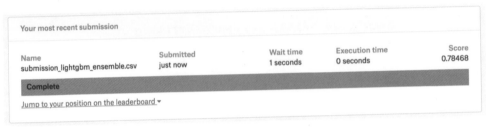

圖 2.56　集成學習的預測結果

「Kaggle Ensembling Guide」不僅介紹了這次帶大家體驗的「利用 csv 檔案執行集成學習」的技巧，還介紹「Stacked Generalization（Stacking）」、「Blending」這類技巧，如果大家有興趣進一步了解集成學習，非常值得一讀。

Titanic 的特殊性

Titanic 的資料與評估指標都很淺顯易懂，是非常適合了解 Kaggle 競賽機制的競賽。

不過，就下列的理由而言，Titanic 並不適合作為需要評分的競賽。

■ 資料較少，分數的「浮動」就大

Titanic 的學習專用資料集只有 891 人的資料，所以每一份資料的比重都很高，將資料分割為學習專用資料與驗證專用資料的方法或是亂數種子這類超參數的調整，都會導致結果出現明顯落差。

測試資料只有 418 人的資料，用於 Public LB 的資料更只有一半的 209 人，換言之，只要正確預測一人份的資料，分數就會上升 0.005。

資料不夠多，分數就會被亂數種子 seed 這類外在因素大幅影響。

■ 正確解答的資料已經公佈，很容易交出「滿分」的成績單

Titanic 使用的是公開的資料，測試資料的答案也已經公開，因此，Public LB 的第一名是「1.0」的滿分，前段班的高手也應該是使用了公開的答案再提交預測結果。如此一來，就算自行改善模型的性能與提高分數，也無法確認自己在以機器學習進行預測的參賽者之中的排名。

了解競賽的機制之後，建議大家參考第 3 章、第 4 章的說明，試著挑戰其他競賽。

〔36〕門脇大輔・阪田隆司・保坂桂佑・平松雄司，『Kaggleで勝つデータ分析の技術』，技術評論社，2019

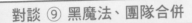

對談 ⑨ 黑魔法、團隊合併

基本上，集成學習用得越好，分數越高喔！

一使用集成學習，就能提升分數，真的是很有趣的體驗啊！觀察前段班的團隊是怎麼在競賽應用集成學習，也是很有趣的事情。

有些人將進階的集成學習稱為「黑魔法」，我在第五次的 Kaggle Tokyo Meetup 聽到「Avito Demand Prediction Challenge」[71] 的第九名的解法之後，真的嚇了一大跳 [72]。沒想到他們會利用「Linear Quiz Blending」[73] 這種集成學習手法，從排名最高只有 31 的一堆模型之中，打造出排名高達第 9 名的模型。

團隊合併的效果就是能得到多元性更高的模型，也有助於利用集成學習提升分數。如果多位金牌候補者一起使用集成學習這個手法，或許就有機會拿到金牌，如果金牌得主能組隊，就有機會闖入能贏得獎金的名次。雖說要顧及模型的多元性，最好是在團隊合併期限之前再合併，但到底應該在什麼時候合併，其實很難決定。

的確是這樣，當然也有一開始就組隊比較好的例子。例如我參加「PetFinder.myAdoption Prediction」[11] 競賽的時候，就在還沒提交預測結果的情況下組隊，這麼做可從一開始就決定各自的任務，也因為分工合作比較有機會創造佳績，當然，找到意氣相投的夥伴也很重要。

除了上述的例子之外，我在參加「LANL Earthquake Prediction」[15] 競賽時，是到了競賽結束兩週前才與只見過一次面的參賽者組隊。當時的情況是，對方是金牌得主，而我自己也只差一步就能獲得金牌，所以雙方都學到不少彼此的絕招。

團隊合併真的可以學到很多東西。我每次組隊，都可以學到很多新知識。我覺得團隊合併是件很值得去做的事，因為可以提升排名，也能與團隊成員互相砥礪。

我基本上同意這個觀點，不過個人的修練也很重要，如果沒有單槍匹馬闖入前幾名的實力，不太可能與優秀的參賽者組隊。我還沒得到成為 Grandmaster 所需的個人金牌，所以接下來還得繼續努力啊！

〔11〕 PetFinder.my Adoption Prediction
https://www.kaggle.com/c/petfinder-adoption-prediction (Accessed: 30 November 2019).

〔15〕 LANL Earthquake Prediction
https://www.kaggle.com/c/LANL-Earthquake-Prediction (Accessed: 30 November 2019).

〔71〕 Avito Demand Prediction Challenge
https://www.kaggle.com/c/avito-demand-prediction (Accessed: 30 November 2019).

〔72〕 Kaggle Avito Demand Prediction Challenge 9th Place Solution
https://www.slideshare.net/JinZhan/kaggle-avito-demand-prediction-challenge-9th-place-solution-124500050 (Accessed: 30 November 2019).

〔73〕 The BigChaos Solution to the Netflix Grand Prize
https://www.netflixprize.com/assets/GrandPrize2009_BPC_BigChaos.pdf (Accessed: 30 November 2019).

2.9

第 2 章總結

　　本章帶大家參加 Titanic 這個競賽，也帶著大家建置機器學習的預測模型，一步步提升競賽分數。具體來說，學到了下列內容，大家也應該透過本章學到參加 Kaggle 表格資料競賽的基本素養才對。

☐ 透過 Kaggle 的 Notebook 提交預測結果的方法
☐ Kaggle 的一連串處理流程
☐ 探索式資料分析的概要與方法
☐ 特徵工程的概要與方法
☐ sklearn 與 LightGBM 的概要與使用方法
☐ LightGBM 超參數的調整方法
☐ Cross Validation 的概要與方法
☐ 集成學習的概要與方法

第 **3** 章

往 Titanic
的下個階段前進

本章將介紹未於 Titanic 登場的 Kaggle 元素。讓我們朝
Titanic 的下個階段前進,學習操作多個表格、圖檔、文字資料
的方法吧!本章使用的範例程式碼已於「前言」介紹的 GitHub
公開,各節內容也都整理成獨立的檔案,例如 3.1 節使用的檔
案為 ch03_01.ipynb。本書附錄也將進一步解說範例程式碼的
內容。

3.1

操作多個表格

Titanic 的學習專用資料集只有「train.csv」這個檔案，但其實有些競賽會同時提供多個集料集的檔案。

例如「Home Credit Default Risk」[34] 這個競賽，就提供了多個資料集的檔案，檔案之間的關聯性請參考圖 3.1。

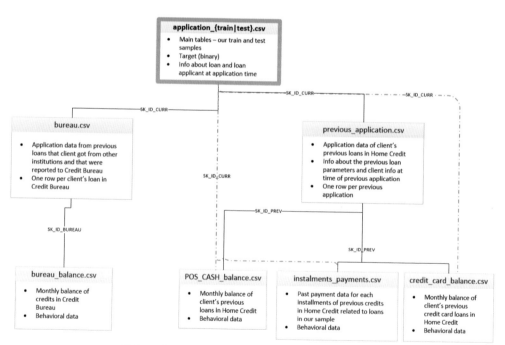

圖 3.1 「Home Credit Default Risk」競賽提供的資料
（圖片取自「Home Credit Default Risk 的 Data 頁籤」

就我個人經驗而言，如果不知道如何處理這類競賽的資料，就有可能無法朝 Titanic 的下個階段前進。

所以這節要介紹合併多個檔案，再將合併結果輸入機器學習演算法的方法。

題材就是剛剛提到的「Home Credit Default Risk」競賽。這個競賽是預測放貸的款項會不會變成呆帳的機率。application_{train/test}.csv 的每筆資料都對應著過去申貸記錄以及其他相關資訊，而這些資訊也分別儲存為不同的 csv 檔案，至於這個競賽的目的則是如何從這些資料取得有用的資訊。

3.1.1　合併表格

這節引用公開 Notebook「Introduction to Manual Feature Engineering」[74] 的開頭範例。

第一步先載入主要檔案 application_train.csv（圖 3.2）。每一列都是一筆申請貸款的記錄，TARGET 則是要預測的對象。

```
1: application_train = \
2:     pd.read_csv('../input/home-credit-default-risk/application_train.
csv')
3: application_train.head()
```

	SK_ID_CURR	TARGET	NAME_CONTRACT_TYPE	CODE_GENDER	FLAG_OWN_CAR	FLAG_OWN_REALTY	CNT_CHILDREN
0	100002	1	Cash loans	M	N	Y	0
1	100003	0	Cash loans	F	N	N	0
2	100004	0	Revolving loans	M	Y	Y	0
3	100006	0	Cash loans	F	N	Y	0
4	100007	0	Cash loans	M	N	Y	0

5 rows × 122 columns

圖 3.2　application_train 的資料

接著要載入次要檔案 bureau.csv（圖 3.3）。這個檔案是由不同於主辦單位 Home Credit 的金融機關所提供的申貸記錄。

如圖所示，這兩個檔案是以 SK_ID_CURR 欄位的資料建立關聯性。由於是過去的記錄，所以 application_train 的 1 列資料可能對應著 bureau 的多列資料。

```
1: bureau = pd.read_csv('../input/home-credit-default-risk/bureau.csv')
2: bureau.head()
```

[74] Introduction to Manual Feature Engineering
https://www.kaggle.com/willkoehrsen/introduction-to-manual-feature-engineering
(Accessed: 30 November 2019).

	SK_ID_CURR	SK_ID_BUREAU	CREDIT_ACTIVE	CREDIT_CURRENCY	DAYS_CREDIT	CREDIT_DAY_OVERDUE	DAYS_CREDI
0	215354	5714462	Closed	currency 1	-497	0	-153.0
1	215354	5714463	Active	currency 1	-208	0	1075.0
2	215354	5714464	Active	currency 1	-203	0	528.0
3	215354	5714465	Active	currency 1	-203	0	NaN
4	215354	5714466	Active	currency 1	-629	0	1197.0

圖 3.3　bureau 的資料

假設是一筆資料對應一筆資料的關聯性，就只需要直接合併兩個檔案，不用另外改造，但這次是一對多的關聯性，所以得先用一些方法摘要多對一的資料集。

「用一些方法摘要」的部分會用到 2.4 節介紹的特徵工程的技巧。雖然可直接從不同的角度摘要這個資料集，但這個資料集的資料很多，所以建立有意義的假設才是比較理想的方式。

這節預設「過去的申請次數」為有效的特徵值，而這個特徵值可利用下列的程式碼從 bureau 產生，主要就是根據每個 SK_ID_CURR 計算次數（圖 3.4）。

```
1: previous_loan_counts = \
2:     bureau.groupby('SK_ID_CURR',
3:                 as_index=False)['SK_ID_BUREAU'].count().rename(
4:                     columns={'SK_ID_BUREAU': 'previous_loan_
counts'})
5: previous_loan_counts.head()
```

	SK_ID_CURR	previous_loan_counts
0	100001	7
1	100002	8
2	100003	4
3	100004	2
4	100005	3

圖 3.4　previous_loan_counts 的內容

之後只需以 SK_ID_CURR 為 Key，將 bureau 併入 application_train 即可。

```
1: application_train = \
2:     pd.merge(application_train, previous_loan_counts,
3:             on='SK_ID_CURR', how='left')
```

此時要請大家注意的是「how='left'」這個參數。這個參數的意思是在取得的資料集之中，將右側的資料集合併至左側的檔案。

假設不指定這個參數，就只會傳回左右兩邊檔案都有的 SK_ID_CURR 的資料集。由於 previous_loan_counts 不會出現申貸次數為 0 的 SK_ID_CURR，所以有可能會出現資料集缺損的問題。

從確保學習專用資料集份量的角度來看，application_train 的列數減少並不是好事，在操作 application_test.csv 的時候，有可能會出現該被預測的資料集缺損的問題。

假設右側資料集的值沒有被納為預測對象，就會變成遺漏值（圖 3.5），而就本次的預測來看，這個遺漏值應該以「0」填補。

AY	AMT_REQ_CREDIT_BUREAU_WEEK	AMT_REQ_CREDIT_BUREAU_MON	AMT_REQ_CREDIT_BUREAU_QRT	AMT_REQ_CREDIT_BUREAU_YEAR	previous_loan_counts
1.0	0.0	0.0	0.0	1.0	8.0
1.0	0.0	0.0	0.0	0.0	4.0
1.0	0.0	0.0	0.0	0.0	2.0
aN	NaN	NaN	NaN	NaN	0.0
1.0	0.0	0.0	0.0	0.0	1.0

圖 3.5　application_train 之內的遺漏值

```
1: application_train['previous_loan_counts'].fillna(0, inplace=True)
2: application_train.head()
```

這次只以單純的假設建立了新的特徵值，但其實還能以不同的角度摘要資料集，例如「將焦點放在最近的申貸記錄」就是其中一種，可依此方式合併多個檔案，建立機器學習演算法所需的資料。

對談 ⑩　現實世界的資料分析

基本上，企業操作的資料都是橫跨多個表格的。資料庫設計思維有所謂的「正規化」的概念，一般認為，將表格分割成適當的粒度才是理想的狀態。

記得「Home Credit Default Risk」競賽[34]的表格很多，資料很難整理，實務上會更麻煩嗎？

我覺得麻不麻煩得看公司內部的資料建置的整合度。現代的公司通常連文件都會備齊，所以每個人都可以透過 SQL 快速收集資料。

在 Kaggle 操作多個表格的經驗有助於實務嗎？

我覺得有幫助。以我而言，我覺得利用 Pandas 進行的處理非常快速。由於可以體驗各種處理，所以在實務上可採用適當的方式處理資料，也可沿用在 Kaggle 寫的程式碼。

能沿用程式碼這點真的很棒耶。由於我在 Kaggle 的競賽取得還不錯的成績，所以朋友有時會委託一些工作，比方說，有朋友希望我幫忙改善深度學習的模型，我利用之前的模型試了幾次之後，就讓模型的性能達標，所以這個工作幾乎只靠複製與貼上之前的原始碼就完成了。其他還有與競賽類似的工作，所以當我提了一些建立模型的建議後，對方也很開心。

實務很少像 Kaggle 這樣比賽小數點以下的性能，但我覺得，在 Kaggle 學到的各種技巧，真的能在不同的情況下應用。像我最近就參與新服務的建立，所以在開會的時候提到「機器學習能處理像○○的部分嗎？」，我就會立刻試試看。事前處理的方式、以機器學習演算法預測與驗證性能的方法，這些在 Kaggle 學到的點子真的很實用。

---

[34] Home Credit Default Risk
https://www.kaggle.com/c/home-credit-default-risk (Accessed: 30 November 2019).

3.2

操作影像資料

於 Kaggle 競賽操作的資料大致可分成三種：

- 表格資料
- 影像資料
- 文字資料

Titanic 的資料屬於表格資料，而其他的競賽則較常操作影像資料或文字資料。

也有「PetFinder.my Adoption Prediction」[11] 這種同時操作三種資料的競賽。這個競賽的表格資料為寵物的犬種、年齡、影像資料則是寵物的照片，文字資料的部分則是寵物的相關說明（圖 3.6）。

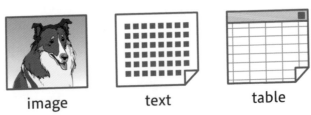

image　　　text　　　table

圖 3.6　PetFinder.my Adoption Prediction 提供的資料

本節與下一節要為大家介紹影像資料與文字資料的操作方法。話說回來，在此鉅細靡遺地介紹近年發展迅速的影像辨識或自然語言處理領域不太實際。

本書將為大家介紹影像資料與文字資料的競賽概要，也打算與之前操作表格資料的競賽比較，簡潔地介紹這三種操作不同資料的競賽有哪些共通與歧異之處，希望這些內容能成為大家今後參賽的墊腳石。

3.2.1 影像資料競賽的概要

接著為大家介紹操作影像資料的競賽的概要，這種競賽有時會簡稱為「影像資料競賽」。

影像資料競賽的課題通常會是影像辨識[75]，具體來說，會有分類、偵測與分割這類課題，也有像「Adversarial Example」[76]、「Generative Adversarial Network（GAN）」[77]這種專為特定技術舉辦的競賽。

分類

分類的課題就是對拿到的圖片標註適當的標籤。輸出結果可能是可能性最高的標籤或是標籤與機率。

圖 3.7 是利用類神經網路進行分類的問題。輸入左側的貓咪圖片後，類神經網路輸出推測的標籤與機率。

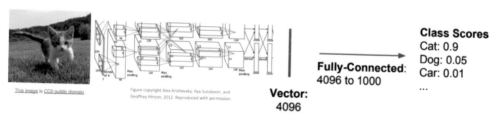

圖 3.7 分類的問題的概要
（圖片取自「CS231n: Convolutional Neural Networks for Visual Recognition」[78]的講義資料[79]）

偵測

偵測的問題則是從拿到的影像推測某個物體的位置與標籤。該以何種粒度偵測什麼物體，端看問題的設定。舉例來說，圖 3.8 輸出了「DOG」與「CAT」的結果，但有時該篩選的是狗的眼睛與鼻子。

[75] 第9回：Kaggle的「影像競賽」-- 解讀這類競賽的參賽方式與趣味性
https://japan.zdnet.com/article/35140207/ (Accessed: 30 November 2019).

[76] Adversarial Example
https://arxiv.org/abs/1312.6199 (Accessed: 30 November 2019).

[77] Generative Adversarial Network(GAN)
https://arxiv.org/abs/1406.2661 (Accessed: 30 November 2019).

[78] CS231n: Convolutional Neural Networks for Visual Recognition
http://cs231n.stanford.edu/ (Accessed: 30 November 2019).

[79] Lecture 11: Detection and Segmentation
http://cs231n.stanford.edu/slides/2018/cs231n_2018_lecture11.pdf (Accessed: 30 November 2019).

圖 3.8　偵測問題的概要
（圖片取自「CS231n: Convolutional Neural Networks for Visual Recognition」[78] 的講義資料 [79]）

分割

分割的問題就是拿到的影像會先以顏色標出不同的區塊，而輸出的圖片有時會稱為「填色畫」。

圖 3.9 就是針對上方的貓咪、牛的圖片，於下方推測區塊與標籤。

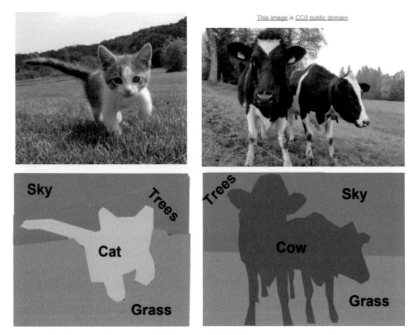

圖 3.9 分割問題的概要
（圖片取自「CS231n: Convolutional Neural Networks for Visual Recognition」[78] 的講義資料 [79]）

Adversarial Example

2017 年以 Adversarial Example 為題材的競賽與「Neural Information Processing Systems（NeurIPS）」[80] 這個知名國際會議合辦 [81]。印象中，影像資料常與國際學會合辦。

Adversarial Example 是在輸入資料加入人類無法察覺的微量變化，讓機器學習演算法輸出詭異結果的現象，而這個競賽通常分成讓輸出結果變得詭異的「攻擊陣營」與避免輸出結果錯亂的「防禦陣營」。

圖 3.10 是在機器學習演算法正確辨識為「panda（熊貓）」的影像加入雜訊，結果被誤判為「gibbon（長臂猿）」的例子。具體解說請參考榮獲第四名的 Preferred Networks 的部落格 [82]。

---

〔80〕 Neural Information Processing Systems (NeurIPS)
https://nips.cc/ (Accessed: 30 November 2019).

〔81〕 NIPS 2017: Non-targeted Adversarial Attack
https://www.kaggle.com/c/nips-2017-non-targeted-adversarial-attack/ (Accessed: 30 November 2019).

〔82〕 參加了 NIPS'17 Adversarial Learning Competition 這項競賽
https://research.preferred.jp/2018/04/nips17-adversarial-learning-competition/ (Accessed: 30 November 2019).

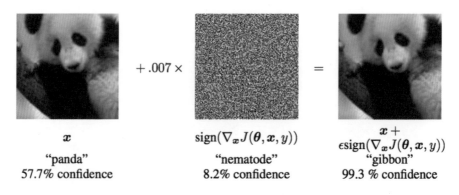

圖 3.10　Adversarial Example 的概要
（圖片取自「Explaining and Harnessing Adversarial Examples」[83]）

GAN

2019 年，出現了一個以 GAN 這項新題材舉辦的競賽[84]。GAN 是由影像生成器與影像識別器這兩種類神經網路一同產生高解析度影像的技術（圖 3.11）。能透過 GAN 產生高解析度影像是這類競賽的核心問題。

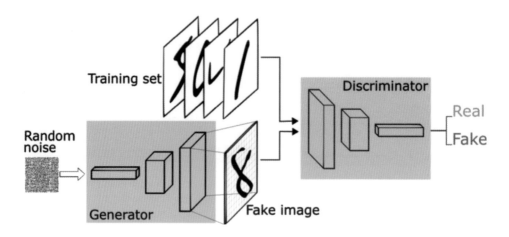

圖 3.11　GAN 的概要
（圖片取自「An intuitive introduction to Generative Adversarial Networks（GANs）」[85]）

[83]　Explaining and Harnessing Adversarial Examples
https://arxiv.org/abs/1412.6572 (Accessed: 30 November 2019).

[84]　Generative Dog Images
https://www.kaggle.com/c/generative-dog-images (Accessed: 30 November 2019).

[85]　An intuitive introduction to Generative Adversarial Networks (GANs)
https://www.freecodecamp.org/news/an-intuitive-introduction-to-generative-adversarial-networks-gans-7a2264a81394/ (Accessed: 30 November 2019).

在從不使用 GAN 的前提下，以不適當的手法最佳化評估指標的嘗試越來越盛行的情況來看，這類競賽也說明了以 GAN 為競賽題材的困難度[86]。

3.2.2 與表格資料共通、歧異之處

接著要以之前介紹的表格資料競賽與前述的兩種競賽進行比較，簡潔地說明三者之間的共通與歧異之處。

在此要先提出一個前提。只要是監督式的機器學習，透過機器學習演算法學習學習專用資料集的特徵值與目標變數之間的關係，再藉此針對未知的資料集進行推測的性能都是一樣的。

從影像、數值與表格資料都是資料的集合體這點來看，或許比較容易了解這三者的相似之處。

接下來要依照 PyTorch 提供的教案「TRAINING A CLASSIFIER」[87] 所介紹的方法操作影像資料。

```
 1: import torch
 2: import torchvision
 3: import torchvision.transforms as transforms
 4:
 5:
 6: transform = transforms.Compose(
 7:     [transforms.ToTensor(),
 8:      transforms.Normalize((0.5, 0.5, 0.5), (0.5, 0.5, 0.5))])
 9:
10: trainset = torchvision.datasets.CIFAR10(root='./data', train=True,
11:                                         download=True, transform=transform)
12: trainloader = torch.utils.data.DataLoader(trainset, batch_size=4,
13:                                           shuffle=True, num_workers=2)
14:
15: testset = torchvision.datasets.CIFAR10(root='./data', train=False,
16:                                        download=True, transform=transform)
17: testloader = torch.utils.data.DataLoader(testset, batch_size=4,
18:                                          shuffle=False, num_workers=2)
```

〔86〕 Generative Dog Images
　　　https://speakerdeck.com/hirune924/generative-dog-images (Accessed: 30 November 2019).

〔87〕 TRAINING A CLASSIFIER
　　　https://pytorch.org/tutorials/beginner/blitz/cifar10_tutorial.html (Accessed: 30 November 2019).

第一步要先下載資料集。若要使用 Notebooks 環境，必須先將右側選單列的
「Settings」的「Internet」設定為「On」（圖 3.12）。

圖 3.12　將「Internet」設定為 On 的狀態

這次會使用「CIFAR10」[88]這個以 10 種標籤分類影像的知名資料集。

```
1: classes = ('plane', 'car', 'bird', 'cat',
2:            'deer', 'dog', 'frog', 'horse', 'ship', 'truck')
```

圖 3.13 為影像經過可視化之後的結果

```
 1: import matplotlib.pyplot as plt
 2: import numpy as np
 3:
 4:
 5: def imshow(img):
 6:     img = img / 2 + 0.5
 7:     npimg = img.numpy()
 8:     plt.imshow(np.transpose(npimg, (1, 2, 0)))
 9:     plt.show()
10:
11:
12: dataiter = iter(trainloader)
13: images, labels = dataiter.next()
14:
15: imshow(torchvision.utils.make_grid(images))
16: print(' '.join('%5s' % classes[labels[j]] for j in range(4)))
```

---

[88] CIFAR10
https://www.cs.toronto.edu/~kriz/cifar.html (Accessed: 30 November 2019).

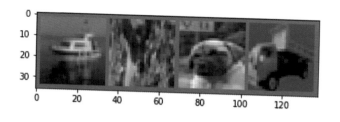

1
Pre Kaggle

2
著手進行 Titanic

3
往 Titanic 的下個階段前進

4

圖 3.13 CIFAR10 的資料

由於上述的程式碼為「batch_size=4」，所以 images 會以陣列儲存 4 張圖片，而這些圖片的資料都是長 32 像素 × 寬 32 像素的 RGB 值（三種）。

```
1: images.shape
```

```
torch.Size([4, 3, 32, 32])
```

這裡一張圖片的數值相當於 Titanic 的表格 1 列的資料。

```
1: images[0]
```

```
tensor([[[ 0.0824,  0.0510,  0.0510,  ...,  0.0745,  0.0745,  0.0902],
         [ 0.1137,  0.0745,  0.0588,  ...,  0.0980,  0.0980,  0.0980],
         [ 0.1294,  0.0902,  0.0745,  ...,  0.1137,  0.1059,  0.0980],
         ...,
         [-0.5686, -0.6000, -0.6157,  ..., -0.6549, -0.6549, -0.6314],
         [-0.5765, -0.6078, -0.6314,  ..., -0.6863, -0.7020, -0.6941],
         [-0.6000, -0.6235, -0.6549,  ..., -0.6941, -0.7020, -0.7098]],

        [[ 0.1137,  0.1059,  0.1216,  ...,  0.1294,  0.1294,  0.1216],
         [ 0.1373,  0.1137,  0.1216,  ...,  0.1373,  0.1373,  0.1294],
         [ 0.1373,  0.1137,  0.1216,  ...,  0.1373,  0.1294,  0.1216],
         ...,
         [-0.4745, -0.4824, -0.4902,  ..., -0.5294, -0.5373, -0.5137],
         [-0.4902, -0.4902, -0.4902,  ..., -0.5451, -0.5608, -0.5529],
         [-0.5059, -0.5059, -0.5137,  ..., -0.5529, -0.5608, -0.5686]],

        [[ 0.2078,  0.1922,  0.2000,  ...,  0.2157,  0.2157,  0.2157],
         [ 0.2157,  0.1843,  0.1922,  ...,  0.2078,  0.2157,  0.2078],
         [ 0.2078,  0.1843,  0.1843,  ...,  0.2078,  0.2000,  0.1922],
         ...,
```

```
          [-0.4510, -0.4745, -0.4824,  ..., -0.5294, -0.5294, -0.4980],
          [-0.4745, -0.4824, -0.4902,  ..., -0.5451, -0.5608, -0.5529],
          [-0.4902, -0.5059, -0.5137,  ..., -0.5529, -0.5608, -0.5686]]])
```

操作表格資料與影像資料之際，兩者最大的差異在於特徵工程的部分。

傳統的影像辨識有「該注意影像何處，又該取得何種特徵」的步驟[89]，較知名的有 SIFT 特徵點檢測[90] 這項手法，主要是先以 SIFT 將圖片轉換成數值，再將數值輸入邏輯迴歸這類機器學習演算法，而這種方式與利用表格資料建立特徵值的過程類似。

不過近年來，類神經網路越來越發達，所以通常會利用類神經網路從影像篩選出特徵值。本書雖然無法進一步介紹，不過只要將影像的資料集輸入類神經網路，描述力優異的類神經網路就會輸出有用的特徵值。這部分的內容與沿革也已於《画像認識》[89] 的第一章介紹。

基於上述背景，影像資料競賽的參賽者通常會將重點放在類神經網路的構造，而不是特徵工程。「第 9 回：Kaggle 的「影像競賽」-- 解讀這類競賽的參賽方式與趣味性」[75] 整理了 Kaggle Master 的矢野先生參加影像資料競賽的方法，例如他不斷地讀論文，藉此了解研究方向這些事，至於該如何參加影像資料競賽，Kaggle Master 的 phalanx 先生的資料[91] 也很值得參考。

此外，表格資料競賽與影像資料競賽的資料集規模也相去甚遠。比方說，Titanic 的「train.csv」只有 61KB，但是影像資料競賽的資料集卻很常超過 10GB，也比常使用很多類的類神經網路（深度學習）作為機器學習演算法，所以計算量也比表格資料競賽來得多，因此進行計算時，通常需要 GPU 輔助。

前面沿用了 PyTorch 教案開頭的程式碼，而這份教案的後續則使用了以 GPU 進行深度學習的「Convolutional Neural Network（CNN）」[92] 進行預測，有興趣的讀者，請務必繼續讀下去。

---

[89]　原田達也，《画像認識》，講談社，2017

[90]　Distinctive Image Features from Scale-Invariant Keypoints
　　　https://www.robots.ox.ac.uk/~vgg/research/affine/det_eval_files/lowe_ijcv2004.pdf
　　　(Accessed: 30 November 2019).

[91]　iMet 7th place solution & my approach to image data competition
　　　https://speakerdeck.com/phalanx/imet-7th-place-solution-and-my-approach-to-image-data-competition?slide=30 (Accessed: 30 November 2019).

[92]　Convolutional Neural Network (CNN)
　　　https://www.deeplearningbook.org/front_matter.pdf (Accessed: 30 November 2019).

對談 ⑪ submit 的樂趣

我之前曾參加影像資料競賽「APTOS 2019 Blindness Detection」
〔93〕，結果完全不行，我是個人參賽的，結果只拿到 1500 名，分數也比
喜歡的 Notebook 來得低。

與表格資料競賽相比，哪個部分比較難呢？

若説有什麼地方與表格資料競賽不同，大概就是每次的學習時間都很長，
能不斷嘗試的機會相對變少，而且從論文或最近的比賽收集最新的資訊也
很花時間。

其他像是在 Discussion 有「使用這種類神經網路就能拿到高分」的資
訊，但跟著做，卻完全拿不到高分，這也讓我很沮喪。類神經網路有一些
意想不到的細節，超參數的設定也不容易，所以才拿不到高分吧！

我以為影像資料競賽需要用到 GPU，大大之前是以什麼環境參賽的？

我使用的是自家搭載 GPU 的電腦與 Notebooks 環境的 GPU。競賽時，
Notebooks 環境有時不太穩定，也有只能使用一週的限制，所以有諸多
不便。競賽結束後，便建置了在雲端使用 GPU 的環境，現在正在參加的
影像資料競賽也都將數據丟上雲端計算。

以不同的環境參加影像資料競賽，能做到的事情也不一樣對吧？

對啊，有些影像資料競賽可以只用 Notebooks 的環境參加，但有些競
賽的資料規模太大，沒有規格相當的環境是無法參加的，如果要參加影像
資料競賽的話，似乎得依照要參賽的競賽建置環境，不然就是從自己可使
用的環境選擇要參加的競賽。

---

〔93〕 APTOS 2019 Blindness Detection
https://www.kaggle.com/c/aptos2019-blindness-detection (Accessed: 30 November 2019).

3.3

操作文字資料

接著為大家解說操作文字資料的方法。

3.3.1 文字資料競賽的概要

首先說明文字資料競賽的概要。這種競賽的主題為自然語言處理（Natural Language Processing），所以也常稱為「NLP 競賽」。

自然語言處理的課題包含機械翻譯、分類、產生句子、問答系統，自 2019 年到 2020 年舉辦的「TensorFlow 2.0 Question Answering」競賽[94]就是以建立問答系統為題目。

Kaggle 的這類競賽或許因為資料集或計分的標準不同，通常是以分類或迴歸為題目，例如最近的「Quora Insincere Questions Classification」[95]或「Jigsaw Unintended Bias in Toxicity Classification」[96]都是預測文章有多少歧視元素的競賽。

3.3.2 與表格資料共通、歧異之處

接著要與之前介紹的表格資料競賽比較，簡單說明兩者共通與歧異之處。

一如 3.2 節所述，即使是 NLP 競賽，只要是監督式學習，基本上的邏輯就一樣，目的都是透過機器學習演算法從學習專用資料集學習特徵值與目標變化的關聯性，從中獲得對未知資料集的預測能力。

兩者較不同的部分是，文章無法直接輸入機器學習演算法，必須像處理表格資料的特徵值一樣，找出有意義的向量。

---

[94] TensorFlow 2.0 Question Answering
https://www.kaggle.com/c/tensorflow2-question-answering (Accessed: 30 November 2019).

[95] Quora Insincere Questions Classification
https://www.kaggle.com/c/quora-insincere-questions-classification/ (Accessed: 30 November 2019).

[96] Jigsaw Unintended Bias in Toxicity Classification
https://www.kaggle.com/c/jigsaw-unintended-bias-in-toxicity-classification (Accessed: 30 November 2019).

接著要帶大家操作文字資料,在示範的過程中,會用到下列三個句子。

```
1: import pandas as pd
2:
3:
4: df = pd.DataFrame({'text': ['I like kaggle very much',
5:                             'I do not like kaggle',
6:                             'I do really love machine learning']})
```

這些句子沒辦法直接輸入機器學習演算法,必須將句子的特徵以某些方式轉換成向量。

Bag of Words

較簡單的方法就是計算單字在句子裡出現幾次,而這種方法又稱為「Bag of Words」。

```
1: from sklearn.feature_extraction.text import CountVectorizer
2:
3:
4: vectorizer = CountVectorizer(token_pattern=u'(?u)\\b\\w+\\b')
5: bag = vectorizer.fit_transform(df['text'])
6: bag.toarray()
```

```
array([[0, 1, 1, 0, 1, 0, 0, 1, 0, 0, 1],
       [1, 1, 1, 0, 1, 0, 0, 0, 1, 0, 0],
       [1, 1, 0, 1, 0, 1, 1, 0, 0, 1, 0]], dtype=int64)
```

array 之中有三個元素,分別對應不同的句子。第一個元素為 [0,1,1,0,1,0,0,1,0,0,1]。這代表句子裡有相當於 index 的 1,2,4,7,10 的單字。

各 index 對應的單字可如下確認。舉例來說 index 的 1 為「i」,只要出現在文章裡,1 的旗標就會為真。另外請大家特別注意 index 是從 0 開始。

```
1: vectorizer.vocabulary_
```

```
{'i': 1, 'like': 4, 'kaggle': 2, 'very': 10, 'much': 7, 'do': 0, 'not': 8,
'really': 9, 'love': 5, 'machine': 6, 'learning': 3}
```

Bag of Words 是非常簡單易懂的手法,但有下列缺點。

1 無法說明單字的奇特性
2 無法說明單字之間的相似性
3 單字的順序會被忽略

就第一點而言，假設目的是想要掌握句子的特徵，那麼將重點放在「Kaggle」、「machine learning」這類具有特徵的單字，會比將焦點放在「I」這種常於句子出現單字來得更好，而第二點則是將「like」與「love」看成完全不同的單字，忽略了這兩個單字的相似性。第三點則是將句子分割成單字之後，就很難正確解讀句子的意思。

TF-IDF

第一個缺點的解決方案就是使用「TF-IDF」這個重視單字奇特性的手法。這個手法不僅會計算「Term Frequency」（單字出現頻率），還會以「Inverse Document Frequency」（逆向文件頻率）加權。

```
 1: from sklearn.feature_extraction.text import CountVectorizer
 2: from sklearn.feature_extraction.text import TfidfTransformer
 3:
 4:
 5: vectorizer = CountVectorizer(token_pattern=u'(?u)\\b\\w+\\b')
 6: transformer = TfidfTransformer()
 7:
 8: tf = vectorizer.fit_transform(df['text'])
 9: tfidf = transformer.fit_transform(tf)
10: print(tfidf.toarray())
```

```
[[0.         0.31544415 0.40619178 0.         0.40619178 0.
  0.         0.53409337 0.         0.         0.53409337]
 [0.43306685 0.33631504 0.43306685 0.         0.43306685 0.
  0.         0.         0.56943086 0.         0.         ]
 [0.34261996 0.26607496 0.         0.45050407 0.         0.45050407
  0.45050407 0.         0.         0.45050407 0.         ]]
```

與 Bag of Words 相同之處在於 array 之中有三個元素，分別對應不同的句子。

讓我們試著以 Bag of Words 與 TF-IDF 比較第一個句子。由於與 index 對應的單字都一樣，所以大於 0 的 index 也一樣。

- Bag of Words: [0, 1, 1, 0, 1, 0, 0, 1, 0, 0, 1]
- TF-IDF: [0., 0.31544415, 0.40619178, 0., 0.40619178, 0., 0., 0.53409337, 0., 0., 0.53409337]

兩者的不同之處在於 Bag of Words 只會取得 0 或 1 這種離散值，TF-IDF 卻能取得 0 ～ 1 的連續值。

在 TF-IDF 裡，「I」的值為 0.31544415，「Kaggle」與「like」的值為 0.40619178，「very」與「much」只於第一個句子出現，所以獨特性高，對應的值也較高。

Word2vec

剛剛提過，Bag of Words 的第二個缺點是「無法說明單字之間的相似性」，在此為大家介紹將單字之間的相似性轉換成向量的「Word2vec」。

這項手法的具體內容請參考「絵で理解する Word2vec の仕組み」[97] 或「word2vec（Skip-Gram Model）の仕組みを恐らく日本一簡潔にまとめてみたつもり」[98] 這兩篇文章。

```
1: from gensim.models import word2vec
2:
3:
4: sentences = [d.split() for d in df['text']]
5: model = word2vec.Word2Vec(sentences, size=10, min_count=1,
6:                                 window=2, seed=7)
```

透過上述的程式學習之後，單字就能如下轉換成向量格式。

```
1: model.wv['like']
```

```
array([-0.01043484, -0.03806506,  0.01846329,  0.04698185,  0.02265111,
       -0.0275427 ,  0.00458471,  0.04774009,  0.01365959,  0.01941545],
      dtype=float32)
```

接著可利用下列的程式從剛剛學習所得的單字之中篩選出相似的單字。由於這次的資料集只有三個句子，所以似乎無法真的學習單字的相似度。

```
1: model.wv.most_similar('like')
```

```
[('really', 0.3932609558105469),
 ('do', 0.348055303309677124),
 ('very', 0.29682281613349915),
 ('machine', 0.20769622921943665),
 ('learning', 0.08932216465473175),
 ('love', -0.035492151975631714),
 ('not', -0.13548487424850464),
 ('I', -0.2518322765827179),
 ('much', -0.40533819794654846),
 ('kaggle', -0.44660162925720215)]
```

[97] 絵で理解する Word2vec の仕組み
https://qiita.com/Hironsan/items/11b388575a058dc8a46a (Accessed: 30 November 2019).

[98] word2vec（Skip-Gram Model）の仕組みを恐らく日本一簡潔にまとめてみたつもり
https://www.randpy.tokyo/entry/word2vec_skip_gram_model (Accessed: 30 November 2019).

利用這種創意將單字轉換成向量，句子就能轉換成機器學習演算法所需的資料。具體來說，有下列三種轉換方法。

1　取得單字的向量平均

2　取得單字向量各元素的最大值

3　當作各單字的時間軸資料操作

第一個方法很簡單，以這次的範例而言，就是計算五個單字的平均值。

```
1: df['text'][0].split()
```

```
['I', 'like', 'kaggle', 'very', 'much']
```

```
1: import numpy as np
2:
3:
4: wordvec = np.array([model.wv[word] for word in df['text'][0].split()])
5: wordvec
```

```
array([[ 0.03103545, -0.01161594, -0.04156914,  0.0151331 , -0.02015941,
         0.02498668,  0.01226169, -0.01423238,  0.0299348 , -0.0235391 ],
       [-0.01043484, -0.03806506,  0.01846329,  0.04698185,  0.02265111,
        -0.0275427 ,  0.00458471,  0.04774009,  0.01365959,  0.01941545],
       [ 0.00562139,  0.04261161,  0.01942341,  0.02058475, -0.04178216,
         0.0483778 ,  0.02867676, -0.03482581,  0.00596862,  0.01260627],
       [-0.00546305,  0.04037713, -0.02587517,  0.02301916,  0.03183642,
        -0.0372007 ,  0.03839479,  0.01596523,  0.02796198,  0.01038733],
       [-0.01727871,  0.03896596, -0.01460331, -0.01620135,  0.01536224,
         0.02102943,  0.00892776,  0.00372602,  0.02321487, -0.01123929]],
      dtype=float32)
```

```
1: np.mean(wordvec, axis=0)
```

```
array([ 0.00069605,  0.01445474, -0.00883218,  0.0179035 ,  0.00158164,
        0.0059301 ,  0.01856914,  0.00367463,  0.02014797,  0.00152613],
      dtype=float32)
```

第二個方法要計算的不是平均值，而是各元素的最大值。這種手法又稱為「SWEM-max」[99]。

```
1: np.max(wordvec, axis=0)
```

```
array([0.03103545, 0.04261161, 0.01942341, 0.04698185, 0.03183642,
       0.0483778 , 0.03839479, 0.04774009, 0.0299348 , 0.01941545],
      dtype=float32)
```

第三個方法是直接將 wordvec 的向量當成時間軸資料使用，這個方法可用來解決 Bag of Words 的第三個缺點，也就是「單字的順序被忽略」。

最近 Kaggle 的 NLP 競賽常有人使用能處理時間軸資訊的「Recurrent Neural Network（RNN）」這類類神經網路的機器學習演算法，至於將句子轉換成向量，再透過機器學習演算法預測的流程，以「Approaching（Almost）Any NLP Problem on Kaggle」[100] 為題的 Notebook 也有詳盡說明。

在最近舉辦的「Jigsaw Unintended Bias in Toxicity Classification」[96] NLP 競賽之中，使用通用語言表現模型「BERT」[101] 的預測方法也特別引人注目。這項競賽也使用了在競賽結束一週前公開的機器學習演算法「XLNet」[102]。相較於表格資料競賽，NLP 競賽與影像資料競賽一樣，都給人積極使用最新研究結果的印象。

[99] Baseline Needs More Love: On Simple Word-Embedding-Based Models and Associated Pooling Mechanisms
https://arxiv.org/abs/1805.09843 (Accessed: 30 November 2019).

[100] Approaching (Almost) Any NLP Problem on Kaggle
https://www.kaggle.com/abhishek/approaching-almost-any-nlp-problem-on-kaggle (Accessed: 30 November 2019).

[101] BERT: Pre-training of Deep Bidirectional Transformers for Language Understanding
https://arxiv.org/abs/1810.04805 (Accessed: 30 November 2019).

[102] XLNet: Generalized Autoregressive Pretraining for Language Understanding
https://arxiv.org/abs/1906.08237 (Accessed: 30 November 2019).

從日語版 Wikipedia 學到的 Word2vec

這次用於 Word2vec 學習的資料集只有三個句子，所以無法徹底學習單字的相似度。在此讓我們使用日語版 Wikipedia 介紹的模型（已學習完畢）〔103〕，確認 Word2vec 的性能。具體方式請參考發佈學習完畢的模型的部落格文章〔104〕。

```
1: from gensim.models import word2vec
2:
3:
4: sentences = word2vec.Text8Corpus('../input/ja.text8')
5: model = word2vec.Word2Vec(sentences, size=200)
6: model.wv.most_similar(['經濟'])
```

```
[('財政', 0.7299449443817139),
 ('社會', 0.6902499794960022),
 ('政策', 0.6661311984062195),
 ('金融', 0.642406702041626),
 ('產業', 0.6378077268600464),
 ('政治', 0.6375346779823303),
 ('外交', 0.6313596963882446),
 ('農業', 0.6182191371917725),
 ('落差', 0.614835262298584),
 ('資本', 0.5951845645904541)]
```

結果從於學習的單字之中，篩選出「財政」、「社會」這類與「經濟」相似的單字。

---

〔103〕ja.text8, https://github.com/Hironsan/ja.text8 (Accessed: 30 November 2019).

〔104〕日本語版 text8 コーパスを作って分散表現を学習する
　　　 https://hironsan.hatenablog.com/entry/japanese-text8-corpus (Accessed: 30 November 2019).

對談 ⑫ NLP 競賽經驗談

我之前組隊參加「Jigsaw Unintended Bias in Toxicity Classification」競賽[96] 時，得到了第 32 名的成績。多虧團隊成員的幫忙，才能第一次在 NLP 的競賽得到銀牌，我自己也很開心。

NLP 競賽的難度是什麼呢？

相較於表格資料競賽，得花更多心思在調整類神經網路的超參數，而不是特徵工程。

我雖然沒有參加這類競賽的經驗，不過我覺得這在 Kaggle 而言，是讓 BERT 付諸實用，在競賽試用最新技術的絕佳示例。

這是因為 Google 是於 2018 年 10 月發表 BERT，這個模型還算很年輕，或許是因為說明 BERT 的 Notebook 已經公開，所以能闖入前段班的隊伍幾乎都使用這個模型。

令人驚訝的是，也有隊伍使用「自稱在多項評估指標超越 BERT」的「XLNet」[102]。XLNet 是於 2019 年 6 月 19 日發表的模型，當時離競賽結束只剩一週，這個模型卻在 Discusstion 引起廣泛討論，甚至有一部分隊伍還於參賽時使用。雖然這個競賽嚴格規範可使用的資源，所以使用這個模型的隊伍沒能闖入前段的名次，但我真的覺得這是演化速度極快的世界啊。

u++ 大大常在工作處理 NLP 的案子嗎？

對啊，處理日文文字資料的案子很多。在 Kaggle 分析的語言大部分是英文，所以要處理日語時，必須額外寫一些處理，但大部分的程式碼還是能夠沿用。Discussion 也有很多未於論文討論的程式碼寫法，所以這也是在工作應用從 Kaggle 所得的例子。

3.4

第 3 章總結

　　本章介紹了未於 Titanic 登場的 Kaggle 的元素，具體來說，學到了下列內容。如果本章能成為大家參賽的敲門磚那就太好了。

- ☐ 於表格資料競賽處理多張表格的方法
- ☐ 影像資料競賽的概要與操作影像資料的方法
- ☐ NLP 競賽的概要與操作文字資料的方法

第 **4** 章

為了進一步學習

本章算是集大成的章節，要介紹的是讀完本書之後，有可能會
用得到的資訊，也會介紹挑選競賽與參賽的方法，同時還要介
紹分析環境的相關資訊與值得參考的資料。

本章內容

4.1

挑選競賽的方法

Kaggle 通常會有 10 ～ 20 個競賽同時舉辦。

就算習慣參賽，也不一定知道該怎麼選擇要參加的競賽，而且初學者也不知道選擇競賽的標準，所以更加難選。

在此為大家說明可作為判斷標準的項目以及選擇理想競賽的方法，有時也可以視情況參加過去舉辦的競賽。下面的連結有許多值得參考的內容。

`https://kaggler-ja-wiki.herokuapp.com/kaggle` 初學者指南 # 建議初學者參加的舊競賽

- 能否贏得獎牌
- 於競賽使用的資料
- 舉辦期間
- Code Competitions

4.1.1　能否贏得獎牌

能否贏得獎牌是選擇競賽的重要標準。

有些競賽無法贏得獎牌，Titanic 這類教案性的競賽就是其中一種。能贏得獎牌的競賽通常很多人參加，而且高手如雲，Notebooks 或 Discussion 上面的討論也比較多，所以可從中學到不少知識。

要知道能否贏得獎牌，可於各競賽的 Overview 頁面下方的「Tiers」確認（圖 4.1、圖 4.2）

Tiers **This competition counts towards tiers**

圖 4.1　可贏得獎牌的標示

Tiers **This competition does not count towards tiers**

圖 4.2　無法贏得獎牌的標示

4.1.2　於競賽使用的資料

可選擇自己想處理的資料種類。

一如第 3 章所述，Kaggle 競賽的資料大致可分成下列三種。

- 表格資料
- 影像資料
- 文字資料

有時也會出現以影片資料或語音資料為題材的競賽。

大部分的競賽都有標籤，從表 4.1 的標籤即可知道競賽的資料種類。如果沒有標籤，可從 Overview 或 Data 確認競賽的資料種類。

表 4.1　常於各競賽出現的標籤

競賽的資料種類	標籤
表格資料	tabular data
影像資料	image data
文字資料	nlp, text data
影片資料	video
語音資料	sound, audio data

4.1.3　舉辦期間

Kaggle 的競賽通常為期 2 ～ 3 個月，建議首次參賽的人參加已舉辦一段時間，離結束時間只剩幾週～一個月左右的競賽。

舉辦一段時間的競賽會有許多相關資訊出現在 Notebooks 與 Discussion，還能從 Vote 與留言的數量找出「優質」的資訊，參賽者可參考這些公開的資訊建立模型，再一步步改善模型。

如果從競賽一開始就參加，很可能會因為自己能使用的分析手法太少而中途棄賽，也有可能在無法了解競賽全貌的情況下，白白讓時間溜走。參加快結束的競賽也能讓自己保持動力，一口氣奔向終點。

競賽結束時，可享受最終結果，還能從前幾名的解法學到不少東西，更能完整體驗 Kaggle 的魅力，所以才會建議大家參加快結束的競賽。

4.1.4 Code Competitions

Code Competions 是需要透過 Notebooks 環境 submit 的競賽。這項競賽大致可以下列兩種規則分類。

- 必須在一個 Notebook 撰寫建立特徵值、學習、預測測試資料以及其他處理的競賽

- 必須在 Notebook 撰寫預測測試資料的處理，特徵值的建立與學習在 Notebook 之外的環境進行的競賽

前者必須在單一的 Notebook 完成學習以及其他處理，所以可說是不受環境影響的競賽。

後者則是可在任何環境下進行學習的競賽。在 Notebooks 環境或自家電腦讓模型完成學習，再將該模型上傳至 Kaggle Datasets，然後從 Notebook 載入，就能預測測試資料。

Code Competions 的 Overview 有「Notebook Requirements」或「Code Requirements」這類項目，可從中確認競賽的規則，例如能否使用 GPU、網路或是執行時間限制。

4.2

初學者適用的參賽方式

接著介紹初學者適用的參賽方式。

具體的步驟如下：

1　確認概要與規則

2　確認資料

3　建立基準

4　改善基準

5　利用集成學習提升分數

---

note　Kaggle ranking 第一名的競賽方式

關於競賽方式，可參考「Profiling Top Kagglers：Bestfitting，Currently #1 in the World」這篇 Kaggle ranking 第一人的採訪。

```
https://medium.com/kaggle-blog/profiling-top-kagglers-
bestfitting-currently-1-in-the-world-58cc0e187b
```

4.2.1 確認概要與規則

一般的競賽會以提供資料的企業難以解決的課題為題目，目的是希望透過競賽得到更高階的解法。要挑戰如此難題，當然得先了解題目。

第一步，先閱讀 Overview 的 Description，確認競賽的目的。Discussion 有時會有提供資料的企業所提供的資訊。

了解評估指標也非常重要。每個競賽都有不同的評估指標，參賽者必須依照評估指標建立模型。

4.2.2　確認資料

了解競賽目標與評估指標後，接著要確認競賽的資料。

資料必須在競賽的時候從不同的角度觀察，也是無止盡的一項工作，此時必須利用自己撰寫的程式碼確認資料，或是瀏覽參賽者公開的 Notebook，掌握資料的輪廓。

從右側下拉式選單點選「Most Votes」排序 Notebook，再從中選擇要閱讀的 Notebook 即可（圖 4.3）

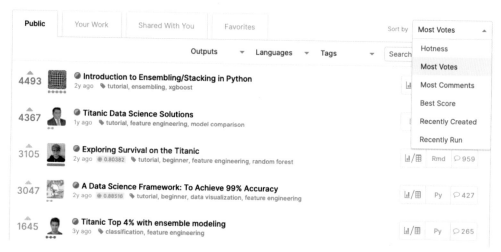

圖 4.3　以 Most Votes 排序的範例

排序完成後，帶有「tutorial」、「eda」、「beginner」標籤的 Notebook 通常會仔細說明競賽的資料，建議大家先讀這類 Notebook。

若還不熟悉 Kaggle，有可能得花不少時間閱讀 Notebook，也有可能因此半途而廢，但如果能先了解一個 Notebook 的內容，閱讀下一個 Notebook 的時候，就能快速理解兩者共通的部分。每個人在一開始都得花時間理解 Notebook，而且大家可以試著執行每個程式碼，並在過程中了解 Notebook 的內容。

Notebooks 頁面的概要

點開 Notebooks 的頁面會出現下列四個標籤，分別代表下列這些 Notebook。

- Public：公開的 Notebook
- Your Work：你的 Notebook
- Shared With You：分享的 Notebook
- Favorites：你按了 upvote 的 Notebook

各標籤會顯示 Notebook 的列表。

Notebook 列表的左側會顯示圖 4.4 裡的 upvote 次數、submit 之際的分數以及其他標籤。

圖 4.4　於 Notebooks 左側顯示的項目

Notebook 列表的右側會顯示圖 4.5 的資訊，例如是以何種語言寫成或是有幾個留言。

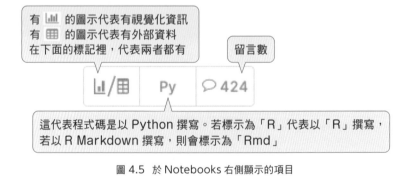

圖 4.5　於 Notebooks 右側顯示的項目

4.2.3 建立基準

讓我們根據掌握的資料輪廓建立作為基準的模型。此時要思考的是，該如何分割資料集，建立驗證專用資料集，以及該使用何種機器學習演算法。

從零自行建立基準是非常困難的，建議大家多參考公開的 Notebook。

利用「Best Score」排序，就能以分數排序 Notebook，而這裡的分數是指透過 Notebook 提交（summit）所得的分數（圖 4.6）。

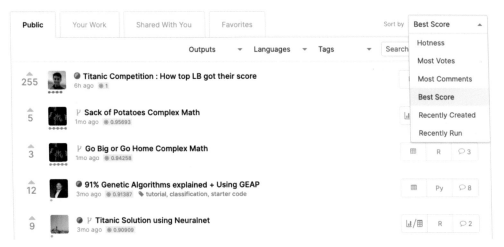

圖 4.6 以 Best Score 排序的範例

試著參考標題、標籤、submit 分數，顯示幾個 Notebook，再直接利用喜歡的 Notebook 製作基準。

複雜的 Notebook 或集成學習的 Notebook 很難事後修改，所以建議大家選擇簡單的 Notebook。

4.2.4 改善基準

基準建立完畢後，可一邊參考 Disscussion 或 Notebooks，一邊試著追加特徵值或改善其他部分。

改善基準後不一定就能在競賽拿到好分數，還是要繼續驗證假設，試著找出正確的方向。

這個階段的重點在於確認 CV 分數與 Public LB 的分數，然後一邊以提高 Private LB 的分數為最終目標，一邊改善自己的基準。

競賽的 Discussion 有許多關於 CV 分數與 Public LB 分數的討論，其中包含以何種方式建立的驗證專用資料集比較可信，或是 Public LB 分數有多少可信度。

舉例來說，會有下列的觀點。

- Public LB 與 Private LB 的分割是否偏頗？
- CV 分數上升，Public LB 的分數也會跟著上升嗎？

假設 Public LB 與 Private LB 的佔比是平均的，CV 分數與 Public LB 分數之間有正相關性，那麼只需要根據 CV 分數改善再不斷 submit 即可。如果不確定 Public LB 與 Private LB 的佔比是平均的，可自行推測 Private LB 的佔比，再根據推測結果建立驗證存用資料集。

基準是否改善的模型評估與資料集或課題設計息息相關。雖然很難在參賽時帶著 100% 的自信評估模型，但建議大家可以參考 Discussion，摸索可信賴的分數。

為了有效率地進行實驗，在熟悉 Kaggle 之後，可注意下列這些重點。

- 不要一直重新建立特徵值，要保留特徵值，以便後續使用
  （尤其是當資料規模很大的情況）。
- 將執行很多次的處理建立成模組。
- 將實驗內容與結果記錄製作成試算表，以便後續回顧。
- 競賽結束後，整理用過的程式碼。

note Discussion 頁面的概要

Discussion 是參賽者討論分析手法的地方。

與 Notebooks 不同的是，Discussion 不僅有 upvote 還有 downvote（反對票）。
左側的數字為「upvote 數 − downvote 數」，右側則是留言數（圖 4.7）

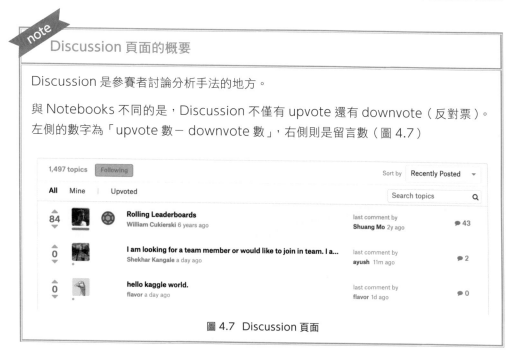

圖 4.7 Discussion 頁面

4.2.5 利用集成學習提升分數

競賽若是到了尾聲，可試著利用集成學習提升分數。

若不熟悉集成學習或許會覺得集成學習很難，但就算只是調整亂數種子，執行多次預測與產生平均值，都有機會提升分數。這是一種稱為「Seed Averaging」的手法，也很容易操作，建議大家有機會試試看。

也可以試著調整超參數。

筆者（村田）曾被問過「在每次建立特徵值的時候調整超參數，之後要不要submit」這個問題。我的答案是不用，因為超參數的調整需要耗費不少時間，而且效果比特徵工程來得有限。與於花時間調整參數，不如多在其他與本質有關的事情花時間，參數可以等到競賽快結束的時候再調整，才能有效率地節省時間。

4.3

可選擇的分析環境

參加競賽時才會遇到「只有 Kaggle 的 Notebooks 環境夠嗎？」「有必要使用自己的電腦或雲端嗎？」這類問題。

一開始建議大家以可立刻使用的 Notebooks 環境參賽，有些隊伍只使用 Notebooks 的環境就獲得金牌，只要不是資料規模太大的競賽，Notebooks 就足以應付。

假設在 Notebooks 環境下無法操作規模較大的資料，或是運算速度變得太慢時，再考慮是否要擴充自己的電腦或是使用雲端輔助即可。

本節將會說明這些環境的優點與缺點。

4.3.1 Kaggle 的 Notebooks 環境的優缺點

Kaggle 的 Notebooks 環境的優點在於不需另行建置環境，只要以瀏覽器存取，就能立刻使用 Notebooks 環境，而且也能使用 GPU。

程式語言的初學者往往得花不少時間建置環境，所以能馬上使用的 Notebooks 環境可說是非常方便。

Notebooks 環境的缺點在於可使用的記憶體與磁碟空間是固定的，所以很難於資料規模較大的競賽應用。

此外，能同時執行的 Notebook 數也有上限，一旦超過就無法執行運算了。

4.3.2 使用自家電腦的優缺點

使用自家電腦的優點在於能隨意建置需要的環境，也不需要像雲端般付費，能隨時測試自己的程式與找出問題。

如果覺得 Notebooks 環境不敷使用，可先考慮是否要購買電腦。雖然環境建置比想像中困難，但相較於雲端，初學者應該比較容易完成。

筆者（村田）在還是初學者的時候，就購買電腦，參考網路上的資訊建置需要的環境。

缺點就是得花一筆錢購買。

---

note

購買的電腦

筆者（村田）在 2018 年夏天購買了下列這種規格的電腦。

- OS：Ubuntu 16.04LTS
- CPU：Corei7-8700
- 記憶體：16GBx4
- GPU：GTX1080Ti
- HDD：2TB
- 價格：約 10 萬台幣

之所以選擇這台電腦是因為這項商品打著「專為深度學習打造」的口號，我也用這台電腦參加表格資料競賽與影像資料競賽。

我雖然是第一次使用 Ubuntu，但與 macOS 的操作有很多相同之處，所以用得還算順手。

4.3.3 雲端的優缺點

「雲端」就是透過網路取得 CPU 與 GPU 執行環境的服務。市面上常見的雲端服務有 Google Cloud Platform（GCP）或 Amazon Web Services（AWS）。

雲端的優點在於可視需求取得需要的計算資源。

缺點在於必須熟悉雲端環境的建置與使用方法。

note 了解如何使用雲端服務的參考資訊

筆者（村田）在使用雲端服務時，都會使用較平價的 GCP。在此為大家介紹在使用
GCP 之際，值得參考的部落格文章。

下面這兩篇部落格文章（日文）都有非常詳盡的說明，我也都曾經參考過，前者是有使
用 Docker 的方法，後者則是未使用 Docker 的方法。雖然得學一下怎麼使用，但使
用 Docker 的話，就能輕鬆建置相同的環境。

- GCP と Docker で Kaggle 用計算環境構築 [105]
- Kaggle 用の GCP 環境を手軽に構築 [106]

筆者（村田）也將在影像資料競賽使用 GCP 的方法寫成部落格文章 [107] 了。

---

[74] GCPとDockerでKaggle用計算環境構築
https://qiita.com/lain21/items/a33a39d465cd08b662f1 (Accessed: 30 November 2019).

[75] Kaggle用のGCP環境を手軽に構築
https://qiita.com/hiromu166/items/2a738f7be49d88d8b599 (Accessed: 30 November 2019).

[76] Kaggleの画像コンペのためのGCPインスタンス作成手順（2019年10月版）
https://currypurin.qrunch.io/entries/T9iGWHdsiI6o2wke (Accessed: 30 November 2019).

4.4

值得參考的資料、文獻、連結

在此介紹於 Kaggle 參賽時，值得參考的資料、文獻與連結，不過都是日文的資訊。

4.4.1 kaggler-ja slack

`https://kaggler-ja.herokuapp.com/`

日本 kaggler 參加的「Slack」工作空間，目前約有 7000 人參加。

有許多人在上面討論，光是瀏覽這些討論就能有不少收穫。只需要在表單填入電子郵件信箱就能參加討論。

4.4.2 kaggler-ja wiki

`http://kaggler-ja-wiki.herokuapp.com/`

這是將 kaggler-ja slack 的話題系統化整理的頁面，主要包含下列的內容。

- Kaggle 初學者指南
- 與 Kaggle 相關的任何連結
- 常見問題
- 過去競賽的資訊

4.4.3 門脇大輔《Kaggle で勝つデータ分析の技術》，技術評論社，2019

`https://gihyo.jp/book/2019/978-4-297-10843-4`

本書可說是一本將所有心力放在表格資料競賽的「教科書」，可系統性地全面網羅所需的知識。

本書除了講解技巧，筆者與相關人士的經驗談也是魅力之一，相關的程式碼也已於 GitHub 公開。

4.4.4 Kaggle Tokyo Meetup 的資料與影片

「Kaggle Tokyo Meetup」是由有志之士舉辦的 Kaggle 活動，也是全日本規模最大的 Kaggle 活動，活動主題是介紹在競賽拿到好名次的團隊的解法，參加活動可學到不少知識。

過去曾舉辦過 6 屆，每屆的資料也已經公開（表 4.2），第 4 屆的活動還有影片可以觀賞。

表 4.2　Kaggle Tokyo Meetup 的資料與影片

屆數	URL
第 1 屆	https://atnd.org/events/74953
第 2 屆	https://techplay.jp/event/613561
第 3 屆	http://yutori-datascience.hatenablog.com/entry/2017/10/29/205433
第 4 屆	https://connpass.com/event/82458/presentation/
第 4 屆（影片）	https://www.youtube.com/watch?v=VMjnhGW2MgU&list=PLkBjLQlGEjJlciM9lEz1AsuZZ8lDgyxDu
第 5 屆	https://connpass.com/event/105298/presentation/
第 6 屆	https://connpass.com/event/132935/

4.5

第 4 章總結

　　本章整理了讀完本書之後需要補充的資訊，具體來說，可學到下列內容。請大家根據本章的內容試著參加競賽。

- ☐ 挑選競賽的方法
- ☐ 初學者適用的參賽方式
- ☐ 可選擇的分析環境
- ☐ 值得參考的資料、文獻、連結

對談 ⑬ 為了在 Kaggle 獲勝所擬定的目標

 我雖然成為 Kaggle Master，也贏得了獎金，但覺得能在 Kaggle 學到的東西還有好多，有種知道了一點，才知道自己不知道的還有很多的感覺。

 真的是「學無止盡」啊！Kaggle 是與其他參賽者比賽，所以不斷地學習應該是 Kaggler 的宿命。

 每次在參加競賽的時候學到新知識都讓我覺得很棒，我也想挑戰一下沒參加過的影像資料競賽。

 我覺得自己已經花了不少時間在 Kaggle，但時間還是不夠，我不僅辭掉工作，還把喜歡的遊戲都戒掉了喲（笑），我很想知道有工作與學業要顧的參賽者是怎麼騰出時間參賽的。

 會沉迷 Kaggle 的人，通常都是不認輸的人，很多人不睡覺也要參賽的。

 想在 Kaggle 獲勝，這股熱情很重要，不然沒辦法繼續學習與實驗，也無法慢慢累積實力。

 「全部都想試」的氣魄也很重要。就算不知道哪個方法有效，先建立假設，把想得到的事情全試過一遍，我覺得是在 Kaggle 獲勝的重要關鍵。

 u++ 大大今後在 Kaggle 有什麼目標？

 我想先成為個人金牌得主，然後除了在 competitions 成為 Kaggle Master，也想在 Notebooks 或 Discussion 成為 Kaggle Master。

 我的目標是成為 Kaggle Grandmaster，我對企劃競賽也很有興趣，希望讓競賽變得更有趣。

聽您這麼說，還真是有趣啊，我曾經是 2019 年 12 月舉辦的「Kaggle Days Tokyo」活動的主辦人員之一，得到了與參賽不同的樂趣。我覺得自己透過 Kaggle 開拓許多可塑性。

我在一年半之前還是機器學習的初學者，但在 Kaggle 認真參賽一年半之後，得到了寫書的機會，也遇見了夥伴。Kaggle 的社群真的很棒，我心中充滿了感謝。

會對 Kaggle 著迷的人就是會著迷，如果是對 Kaggle 有興趣的人，真的希望他們能試著參賽。

深表認同啊！

附 **A** 錄

範例程式碼詳細解說

接著要進一步解說本書的範例程式碼。目標讀者是 Python 的
初學者，介紹的內容則包含變數、列表這類程式設計的基礎。
為了更淺顯易懂地說明內容，偶爾會將部分 Notebook 的 Cell
分割或合併，前面解說過的內容也會略過。

A.1

第 2 章　著手進行 Titanic

A.1.1　2.1　先 submit！試著寫進順位表

本節內容與下一節重複，故略過不談。

A.1.2　2.2　掌握全貌！了解 submit 之前的處理流程

本節的第一步是載入資料，接著讓機器學習模型學習與預測，最後再 submit。

大致的流程如下：

1. 載入套件
2. 載入資料
3. 特徵工程
4. 機器學習演算法的學習與預測
5. submit

載入套件

```
1: import numpy as np
2: import pandas as pd
```

第一步是載入之後會用到的「套件」。套件就是未內建的便利功能，可利用「import（套件名稱）」的語法宣告與載入，「import」有時也稱為「匯入」。

由於上述兩個套件都很常使用，所以通常會在 import 的時候加上 np 或 pd 這種比較短的別稱。

載入資料

```
1: train = pd.read_csv('../input/titanic/train.csv')
2: test = pd.read_csv('../input/titanic/test.csv')
3: gender_submission = pd.read_csv('../input/titanic/gender_submission.csv')
```

這個部分要載入資料集，使用的是 Pandas 的 read_csv()。指定檔案的路徑，就能以 pandas.DataFrame 的格式載入資料集。括號裡的值稱為參數。

在一般的程式語言裡，「＝」有代入的意思，例如第一行的程式碼就是將 pd.read_csv() 匯入的結果代入 train 這個變數。

```
1: gender_submission.head()
```

pandas.DataFrame.head() 會傳回 pandas.DataFrame 由上數來的幾行資料。要顯示幾行資料可透過參數指定，若無另外指定，會預設為 5 行。

```
1: data = pd.concat([train, test], sort=False)
```

為了同時處理 train 與 test，先沿著列方向合併，建立 data 這個新的 pandas.DataFrame。

pandas.concat() 會傳遞要與第一個參數合併的 pandas.DataFrame 列表。所謂「列表」，就是一種集合多筆資料的箱子，[] 內可利用逗號（,）間隔資料。指定為「sort-False」代表不替欄位排序。

```
1: data.isnull().sum()
```

這部分是計算 data 各欄位有幾筆遺漏值。pandas.DataFrame.isnull() 可判斷每個元素是否為遺漏值，再傳回結果的真偽值。以 pandas.DataFrame.sum() 沿著欄方向合併，就能找出每欄的遺漏值有幾筆。

特徵工程

```
1: data['Sex'].replace(['male', 'female'], [0, 1], inplace=True)
```

這部分利用 pandas.Series.replace() 置換值。主要是將 Sex 的 male 置換成 0，再將 female 置換為 1。

可將轉換前的列表指定給第一個參數，再將轉換後的列表指定給第二個參數，藉此轉換值。上述程式的指定方法為「['male','female']」,「[0,1]」。指定「inplace=True」可將 pandas.DataFrame 置換成轉換之後的值。

pandas.Series 的意思是代表 pandas.DataFrame 單欄的資料類型，可視 pandas.DataFrame 是由多個沿欄方向合併的 pandas.Series 組成。

```
1: data['Embarked'].fillna('S', inplace=True)
2: data['Embarked'] = \
3:     data['Embarked'].map({'S': 0, 'C': 1, 'Q': 2}).astype(int)
```

上述的程式碼會在填補 Embarked 的遺漏值之後，將文字轉換成數值。

pandas.Series.fillna() 的第一個參數指定了填補遺漏值的值，指定的值是本欄最常出現的 S。

下一行的程式則利用 pandas.Series.map() 將 S、C、Q 分別轉換成 0、1、2。

在這次的範例裡，這部分與前面的 pandas.Series.replace() 的處理很類似，但 pandas.Series.map() 會在出現未指定轉換成原始資料的值的時候，直接置換成 np.nan（遺漏值），pandas.Series.replace() 則會置換成特定的值，至於未指定的值就原封不同。

```
1: data['Fare'].fillna(np.mean(data['Fare']), inplace=True)
```

上述的程式碼填補了 Fare 的遺漏值。接著利用 np.mean(data['Fare']) 計算填補之後的 Fare 的平均值。

```
1: age_avg = data['Age'].mean()
2: age_std = data['Age'].std()
3: data['Age'].fillna(np.random.randint(age_avg - age_std, age_avg + age_std),
4:                    inplace=True)
```

上述的程式碼填補了 Age 的遺漏值。

這部分雖然有點複雜，但主要是以 Age 的平均值與標準差產生亂數，再將這個亂數當成填補的值使用。具體來說，就是隨機產生「平均值－標準差」到「平均值＋標準差」之間的整數值，再以該整數值填補遺漏值。

```
1: delete_columns = ['Name', 'PassengerId', 'SibSp',
2:                    'Parch', 'Ticket', 'Cabin']
3: data.drop(delete_columns, axis=1, inplace=True)
```

上述的程式碼會刪除沒用到的欄位。

pandas.DataFrame.drop()(的 第 一 個 參 數 指 定 了 要 刪 除 的 欄 位。 設 定 為 「axis=1」代表刪除欄位，若指定為「axis=0」代表刪除列。

```
1: train = data[:len(train)]
2: test = data[len(train):]
```

上述的程式碼將前面使用的 train 與 test 合併，再分割之前處理的 data。

data 後面的 [:len(train)] 是一種稱為「indexing」的資料取得方法，語法為 [（開始位置）:（結束位置)]，若未指定，開始位置將是「從頭開始」，結束位置則會是「直到最後」。

data[:len(train)] 的意思是「從 data 的開頭取至第 len(train) 筆」的 pandas. DataFrame。len(train) 代表 train 的列數。

```
1: y_train = train['Survived']
2: X_train = train.drop('Survived', axis=1)
3: X_test = test.drop('Survived', axis=1)
```

上述的程式碼將 pandas.DataFrame 分割成特徵值與目標變數，才能當成機器學習演算法的資料使用。主要是將 train 的 Survived 分割為 y_train，不是 Survived 的部分全部分割為 X_train。不是 test 的 Survived 的資料全部分割成 X_test。

機器學習演算的學習與預測

```
1: from sklearn.linear_model import LogisticRegression
2:
3:
4: clf = LogisticRegression(penalty='l2', solver='sag', random_state=0)
5: clf.fit(X_train, y_train)
6: y_pred = clf.predict(X_test)
```

上述的程式碼是利用邏輯迴歸進行學習與預測。

第一步先載入 sklearn.linear_model 的 LogisticRegression()，並且指定為 clf，以便後續使用。clf 是 Classifier（分類器）的簡稱，參數 penalty 為「損失」，參數值為「L2 正規化」，參數 solver 是探索答案的方式，參數值為「sag（Stochastic Average Gradient）」，參數 seed 為亂數，參數值為「random_state=0」。

接著利用 clf.fit(X_train,y_train) 學習 X_train 與 y_train 的對應關係，再利用 clf.predict(X_test) 針對 X_test 進行預測。

利用 clf.fit() 學習，再以 clf.predict() 進行預測是使用 sklearn 機器學習演算法都會使用的寫法。

submit

```
1: sub = pd.read_csv('../input/titanic/gender_submission.csv')
2: sub['Survived'] = list(map(int, y_pred))
3: sub.to_csv('submission.csv', index=False)
```

在此要建立 submit 需要的檔案，也就是將預測結果轉存為 csv 檔案。

第一行的程式碼先載入 submit 專用的 csv 檔案範例，並於 sub 儲存，第二行的程式碼將 y_pred 轉換成整數之後的值指定給 sub 的 Survived。

第三行程式碼則是將 sub 轉存為 submission.csv 這個 csv 檔案。指定為「index =False」，可在儲存檔案的時候，不指定 pandas.DataFrame 的列的 index 編號。

A.1.3　2.3　找出下一步！試著進行探索式資料分析

本節要利用 Pandas Profiling 掌握資料的概要，並且視覺化各特徵值與目標變數的關係。

```
1: import pandas as pd
2: import pandas_profiling
3:
4: train = pd.read_csv('../input/titanic/train.csv')
5: train.profile_report()
```

上述的程式碼會先載入學習專用資料集，並且使用 pandas_profiling。

第一行的程式碼先以 pd 這個別稱載入 pandas，第二行的程式碼則載入 pandas_profiling。

第四行的程式碼載入了學習專用資料集，並於 train 儲存。

第五行的程式碼顯示了 train 的概要。pandas.DataFrame.profile_report() 可利用預設的格式顯示 pandas.DataFrame 的概要。

```
1: import matplotlib.pyplot as plt
2: import seaborn as sns
```

上述的程式碼以 plt 這個別稱載入繪圖所需的套件「matplotlib.pyplot」，seaborn
則以 sns 這個別稱載入。

```
1: plt.hist(train.loc[train['Survived'] == 0, 'Age'].dropna(),
2:          bins=30, alpha=0.5, label='0')
3: plt.hist(train.loc[train['Survived'] == 1, 'Age'].dropna(),
4:          bins=30, alpha=0.5, label='1')
5: plt.xlabel('Age')
6: plt.ylabel('count')
7: plt.legend(title='Survived')
```

上述的程式碼分別顯示了倖存者與罹難者的 Age 直方圖。

第一行的程式碼將顯示直方圖的 matplotlib.pyplot.hist() 的第一個參數指定為
「train.loc[train['Survived'] == 0, 'Age'].dropna()」，意 思 是 取 得 train 的
Suvived 為 0 的 Age 與刪除遺漏值。

pandas.DataFrame.loc[] 指定了列標籤與欄標籤，取得 pandas.DataFrame 的
部分資料。列標籤的部分以「train['Survived']==0」，選擇 Survived 為 0（罹難
者）的部分，欄標籤則選擇 Age，取得罹難者的年齡。由於這些資料之中有遺漏值，
所以利用 pandas.Series.dropna() 刪除遺漏值。

bins 參數指定了直方的數量。

alpha 參數指定了透明度。這個參數的預設值為 1.0，代表完全不透明，但這次要同
時顯示兩個直方圖，所以將這個參數設定為 0.5。label 參數則指定了圖例。

為了顯示倖存者的年齡直方圖，第三行的程式碼將 matplotlib.pyplot.hist() 的第一
個參數指定為「train.loc[train['Survived'] == 1, 'Age'].dropna()」。label 參數
也指定為 '1'。bins 與 alpha 的部分與第二行的程式碼一樣。

第 5、6 行指定了 x 軸與 y 軸的標籤。

第 7 行程式碼顯示了圖例。matplotlib.pyplot.legend() 會顯示以 label 參數指定的
名稱來顯示圖例。title 參數指定了圖例的標題。

```
1: sns.countplot(x='SibSp', hue='Survived', data=train)
2: plt.legend(loc='upper right', title='Survived')
```

上述的程式碼會將 SibSp 與 Survived 的件數畫成長條圖。

seaborn.countplot() 的 x 參數指定了要摘要的欄位名稱。hue 參數則分割了 x 參數，指定要摘要的欄位名稱。data 參數指定了 pandas.DataFrame。

將 matplotlib.pyplot.legend() 的 loc 參數指定為 upper right，代表圖例將於右上角顯示。若未指定 loc 參數，圖例將自動配置。

```
1: sns.countplot(x='Parch', hue='Survived', data=train)
2: plt.legend(loc='upper right', title='Survived')
```

上述的程式碼會將 Parch 與 Survived 的件數畫成長條圖。

參數的說明與前面的 seaborn.countplot() 以及 matplotlib.pyplot.legend() 一樣，故此處略過不談。

```
1: plt.hist(train.loc[train['Survived'] == 0, 'Fare'].dropna(),
2:          range=(0, 250), bins=25, alpha=0.5, label='0')
3: plt.hist(train.loc[train['Survived'] == 1, 'Fare'].dropna(),
4:          range=(0, 250), bins=25, alpha=0.5, label='1')
5: plt.xlabel('Fare')
6: plt.ylabel('count')
7: plt.legend(title='Survived')
8: plt.xlim(-5, 250)
```

上述的程式碼顯示了倖存者與罹難者的 Fare 的直方圖。

第 1 行與第 3 行的程式碼以第一個參數取得倖存者與罹難者的船資。

range 參數指定了直方的最小值與最大值。要同時顯示多張直方圖的時候，建議讓直方的條件一致，才會比較容易比較。以這次的資料來看，250 以上的船資並不多，所以 range 參數指定為 (0,250)。其他的參數與前一個 Age 的直方圖一樣。

第 5 行至第 7 行的程式碼與前一個 Age 的直方圖一樣，指定了 x 軸、y 軸的標籤與圖例。

第 8 行的 matplotlib.pyplot.xlim() 將 x 軸指定為 -5 ～ 250 的範圍。像這樣於 matplotlib.pyplot.xlim() 的第一個參數指定最小值，於第二個參數指定最大值，就能指定顯示範圍。y 軸則可利用 matplotlib.pyplot.ylim() 指定。

```
1: sns.countplot(x='Pclass', hue='Survived', data=train)
```

這部分是將 Pclass 與 Survived 的件數畫成長條圖。

參數的指定方法此處略過不談。

```
1: sns.countplot(x='Sex', hue='Survived', data=train)
```

這部分是將 Sex 與 Survived 的件數畫成長條圖。

參數的指定方式此處略過不談。

```
1: sns.countplot(x='Embarked', hue='Survived', data=train)
```

這部分是將 Embarke 與 Survived 的件數畫成長條圖。

參數的指定方式此處略過不談。

A.1.4　2.4　在此拉開差距！基於假設建立新的特徵值

在本節學習的是特徵工程。

```
1: import seaborn as sns
2:
3:
4: data['FamilySize'] = data['Parch'] + data['SibSp'] + 1
5: train['FamilySize'] = data['FamilySize'][:len(train)]
6: test['FamilySize'] = data['FamilySize'][len(train):]
7: sns.countplot(x='FamilySize', data=train, hue='Survived')
```

上述的程式碼在 data 建立 FamilySize 這個新欄位，這個欄位的值為「Parch（同船的父母親、小孩）+SibSp（同船的兄弟姐妹與配偶）+1」，也就是家人人數的欄位。

第 1 行程式碼載入了視覺化套件的 seaborn，並將這個套件命名為 sns。第 5、6 行的程式碼則將剛剛建立的 FamilySize 指派給 train 與 test。第 7 行的程式碼則利用 seaborn.countplot() 計算件數。x 參數指定了要計算的欄位，data 參數指定了 pandas.DataFrame，hue 參數則指定了要標記顏色的變數。

A.1.5　決策樹是最強的演算法？試著使用各種機器學習演算法

本節要將 A.1.2 節的邏輯迴歸換成其他的機器學習演算法。一開始先換成 sklearn 的隨機森林，後來變更為 LightGBM。

大致的流程與 A.1.2 一樣，只有 4 的部分有變動。

1　載入套件

2　載入資料

3　特徵工程

4　機器學習演算法的學習與預測

5　submit

```
1: from sklearn.ensemble import RandomForestClassifier
2:
3:
4: clf = RandomForestClassifier(n_estimators=100, max_depth=2, random_state=0)
5: clf.fit(X_train, y_train)
6: y_pred = clf.predict(X_test)
```

上述的程式碼是以 sklearn 的隨機森林學習與預測。

第 1 行的程式碼載入了 sklearn 隨機森林所需的 RandomForestClassifier()，第 4 行的程式碼則呼叫 RandomForestClassifier() 的模型，其中以 n_estimators 指定了 tree 的數量，max_depth 指定了樹的深度，random_state 指定了亂數種子的 seed。

第 5 行與第 6 行的部分與邏輯迴歸的部分一樣。

接著換成 LightGBM。

```
1: from sklearn.model_selection import train_test_split
2:
3:
4: X_train, X_valid, y_train, y_valid = \
5:     train_test_split(X_train, y_train, test_size=0.3,
6:                      random_state=0, stratify=y_train)
```

上述的程式碼以 sklearn 的 train_test_split 將資料集分割成學習專用與驗證專用兩個部分。train_test_split 的第 1 個參數與第 2 個參數指定為 X_train 與 y_train，再以 test_size 指定驗證專用資料集的比例，接著以 random_state 指定亂數種子的 seed，最後再將 stratify 指定為 y_train。一如 2.7.4 節所述，將 stratify 指定為 y_train，可將資料集均分為學習專用資料集與驗證專用資料集。

```
1: import lightgbm as lgb
2:
3:
```

```
 4: lgb_train = lgb.Dataset(X_train, y_train,
 5:                         categorical_feature=categorical_features)
 6: lgb_eval = lgb.Dataset(X_valid, y_valid, reference=lgb_train,
 7:                        categorical_feature=categorical_features)
 8:
 9: params = {
10:     'objective': 'binary'
11: }
```

上述的程式碼是以 LigthGBM 學習所需的事前準備。

第 1 行程式碼先載入 LightGBM，並且命名為 lgb。

第 4、6 行的程式碼則利用 lightgbm.Dataset 建立學習專用與驗證專用的資料集。
lightgbm.Dataset 的第 1 個參數指定為 X（特徵值），第 2 個參數則指定為 y（目
標變數）。若有分類變數，可利用 categorical_feature 指定，再利用 reference 將
學習專用資料集的 lightgbm.Dataset 指定為驗證專用資料集。

```
1: model = lgb.train(params, lgb_train,
2:                   valid_sets=[lgb_train, lgb_eval],
3:                   verbose_eval=10,
4:                   num_boost_round=1000,
5:                   early_stopping_rounds=10)
6:
7: y_pred = model.predict(X_test, num_iteration=model.best_iteration)
```

上述的程式碼進行了學習與預測。

```
1: y_pred = (y_pred > 0.5).astype(int)
2: sub['Survived'] = y_pred
3: sub.to_csv('submission_lightgbm.csv', index=False)
```

上述的程式碼建立了 submit 所需的 csv 檔案，pred 的值為 0 ～ 1 的連續值。

上述的程式碼會在「y_pred > 0.5」為真時，將 pred 的值轉換成「y==1」的離散
值，否則就轉換成「y==0」。由於可利用「y_pred > 0.5」取得真偽值（True 或
False），所以可利用 astype(int) 轉換成「不是 1 就是 0」的值。

A.1.6　2.6　機器學習演算法的心情？試著調整超參數

本節調整了 LightGBM 的超參數。在此跳過手動調整的部分，直接解說使用
Optuna 調整的程式碼。

```
 1: import optuna
 2: from sklearn.metrics import log_loss
 3:
 4:
 5: def objective(trial):
 6:     params = {
 7:         'objective': 'binary',
 8:         'max_bin': trial.suggest_int('max_bin', 255, 500),
 9:         'learning_rate': 0.05,
10:         'num_leaves': trial.suggest_int('num_leaves', 32, 128),
11:     }
12:
13:     lgb_train = lgb.Dataset(X_train, y_train,
14:                         categorical_feature=categorical_features)
15:     lgb_eval = lgb.Dataset(X_valid, y_valid, reference=lgb_train,
16:                         categorical_feature=categorical_features)
17:
18:     model = lgb.train(params, lgb_train,
19:                         valid_sets=[lgb_train, lgb_eval],
20:                         verbose_eval=10,
21:                         num_boost_round=1000,
22:                         early_stopping_rounds=10)
23:
24:     y_pred_valid = model.predict(X_valid,
25:                             num_iteration=model.best_iteration)
26:     score = log_loss(y_valid, y_pred_valid)
27:     return score
```

第 1 行的程式碼載入了 Optuna，第 2 行的程式碼則載入計算損失函數所需的 log_
loss。

第 5 行之後的程式碼定義了以 Optuna 最佳化所需的函數。Optuna 會不斷搜尋能
讓 return 傳回最小值的超參數。

第一個 params 設定了超參數的搜尋範圍，第 7 ～ 10 行的程式碼則分別完成了下列
的設定。

- objective 以 binary 固定
- max_bin 指定了搜尋 255 ～ 500 之間的整數值
- learning_rate 固定為 0.05
- num_laves 指定了搜尋 32 ～ 128 之間的整數值

第 13 ～ 22 行與前一節一樣，是讓 LightGBM 開始學習。

之後的第 24 ～ 26 行則是取得預測驗證專用資料集的性能。性能會以一開始載入的
log_loss 測量。這個指標代表的是損失，所以數值越小越理想。

```
1: study = optuna.create_study(sampler=optuna.samplers.RandomSampler(seed=0))
2: study.optimize(objective, n_trials=40)
```

第 1 行 的 程 式 碼 建 立 了 以 Optuna 最 佳 化 的 session。「sampler=optuna.
samplers.RandomSampler(seed=0) 則固定了亂數的範圍。

第 2 行的程式碼執行了 Optuna 的計算。將要最小化的函數指定給第 1 個參數。n_
trials 為執行次數，在此設定為較少的 40 次。

```
1: study.best_params
```

完成計算後，將在這個範圍取得最佳值的超參數存入 study.best_params。

```
1: params = {
2:     'objective': 'binary',
3:     'max_bin': study.best_params['max_bin'],
4:     'learning_rate': 0.05,
5:     'num_leaves': study.best_params['num_leaves']
6: }
7:
8: lgb_train = lgb.Dataset(X_train, y_train,
9:                         categorical_feature=categorical_features)
10: lgb_eval = lgb.Dataset(X_valid, y_valid, reference=lgb_train,
11:                        categorical_feature=categorical_features)
12:
13: model = lgb.train(params, lgb_train,
14:                   valid_sets=[lgb_train, lgb_eval],
15:                   verbose_eval=10,
16:                   num_boost_round=1000,
17:                   early_stopping_rounds=10)
18:
19: y_pred = model.predict(X_test, num_iteration=model.best_iteration)
```

上述的程式碼利用 study.best_params 的值讓 LightGBM 重新學習與預測。

A.1.7　2.7　在 submit 之前！了解「Cross Validation」的重要性

本節介紹了 Hold-Out 驗證、交叉驗證與資料集分割方法。Hold_out 驗證的部分與
2.5 節、2.6 相同，故此處略過不談。

交叉驗證（Cross Validation）

下列為交叉驗證的程式碼。

```
 1: from sklearn.model_selection import KFold
 2:
 3:
 4: y_preds = []
 5: models = []
 6: oof_train = np.zeros((len(X_train),))
 7: cv = KFold(n_splits=5, shuffle=True, random_state=0)
 8:
 9: categorical_features = ['Embarked', 'Pclass', 'Sex']
10:
11: params = {
12:     'objective': 'binary',
13:     'max_bin': 300,
14:     'learning_rate': 0.05,
15:     'num_leaves': 40
16: }
17:
18: for fold_id, (train_index, valid_index) in enumerate(cv.split(X_train)):
19:     X_tr = X_train.loc[train_index, :]
20:     X_val = X_train.loc[valid_index, :]
21:     y_tr = y_train[train_index]
22:     y_val = y_train[valid_index]
23:
24:     lgb_train = lgb.Dataset(X_tr, y_tr,
25:                             categorical_feature=categorical_features)
26:     lgb_eval = lgb.Dataset(X_val, y_val, reference=lgb_train,
27:                            categorical_feature=categorical_features)
28:
29:     model = lgb.train(params, lgb_train,
30:                       valid_sets=[lgb_train, lgb_eval],
31:                       verbose_eval=10,
32:                       num_boost_round=1000,
33:                       early_stopping_rounds=10)
34:
35:     oof_train[valid_index] = \
36:         model.predict(X_val, num_iteration=model.best_iteration)
37:     y_pred = model.predict(X_test, num_iteration=model.best_iteration)
38:     y_preds.append(y_pred)
39:     models.append(model)
```

第 1 行的程式碼載入了 KFold，才能將資料分割成交叉驗證所需的格式。

第 4 ～ 6 行的程式碼為儲存各分割資料的容器。詳細的內容如下：

- 針對各分割資料的 X_test 進行預測之後，儲存預測結果的列表

- 儲存以各分割資料學習的模型的列表

- 對各分割資料的驗證專用資料集（X_val）進行預測後，儲存預測結果的 numpy.ndarry

第 7 行程式碼設定了分割資料的方式。KFold 的第 1 個參數為分割數（n_splits），參數值設定為 5，後續的「shuffle=True」則是在分割之前，先讓資料集重新洗牌。若設定為「shuffle=False」，代表依照資料集目前的順序分割。

第 18 行程式碼則是根據剛剛設定的分割方式，取得與各分割資料的學習專用、驗證專用資料集對應的 index。enumerate 除了取得元素，也取得各分割資料的 index（fold_id）。雖然這次沒用到 fold_id，但要將每次的模型儲存為不同的檔案時，就有可能會用到。

第 19 ～ 22 行的程式碼則根據以 fold_id 取得的 index 分割資料集。X_tr 與 X_val 為 pandas.DataFrame，y_tr 與 y_val 為 numpy.ndarray。要注意的是，這兩者指定 index 的方法是不一樣的。

第 35 ～ 36 行的程式碼則儲存了針對驗證專用資料集（X_val）進行預測的結果，主要是存入剛剛建立的 oof_train 這個 numpy.ndarray。

第 37 ～ 38 行則是將針對 X_test 進行預測的結果專入剛剛建立的 y_preds 列表。第 39 行程式碼則在利用各分割資料進行學習後，將學習所得的模型專入 models 這個列表。

```
1: pd.DataFrame(oof_train).to_csv('oof_train_kfold.csv', index=False)
```

上述的程式碼將 oof_train 轉存為 csv 檔案。to_csv() 無法於 numpy.ndarray 使用，所以先轉換成 pandas.DataFrame。

```
1: scores = [
2:     m.best_score['valid_1']['binary_logloss'] for m in models
3: ]
4: score = sum(scores) / len(scores)
5: print('===CV scores===')
6: print(scores)
7: print(score)
```

上述的程式碼顯示了各模型預測驗證專用資料集的性能。也計算了「CV 分數」這個平均值。

```
1: from sklearn.metrics import accuracy_score
2:
3:
4: y_pred_oof = (oof_train > 0.5).astype(int)
5: accuracy_score(y_train, y_pred_oof)
```

上述的程式碼以正解率評估預測 oof_train 的性能。第 1 行程式碼載入了計算正解
率所需的 accuracy_score。第 4 行程式碼則是將 0 ～ 1 的連續值轉換成「不是 1 就
是 0」的離散值，第 5 行的程式碼則計算了正解率。

```
1: len(y_preds)
```

y_preds 儲存了各分割資料的資料，一確認大小就會發現與 CV 的數量一致。

```
1: y_preds[0][:10]
```

fold_id 為 0 的預測值可利用上述的程式碼確認。

```
1: y_sub = sum(y_preds) / len(y_preds)
2: y_sub = (y_sub > 0.5).astype(int)
```

於 y_preds 各分割資料預測平均值會於最後的 submit 使用。第 1 行先計算平均
值，第 2 行的程式碼則將連續值轉換成離散值。

資料集的分割方法

```
1: from sklearn.model_selection import KFold
2:
3:
4: cv = KFold(n_splits=5, shuffle=True, random_state=0)
5: for fold_id, (train_index, valid_index) in enumerate(cv.split(X_train)):
6:     X_tr = X_train.loc[train_index, :]
7:     X_val = X_train.loc[valid_index, :]
8:     y_tr = y_train[train_index]
9:     y_val = y_train[valid_index]
10:
11:    print(f'fold_id: {fold_id}')
12:    print(f'y_tr y==1 rate: {sum(y_tr)/len(y_tr)}')
13:    print(f'y_val y==1 rate: {sum(y_val)/len(y_val)}')
```

上述的程式碼利用 KFold 將資料集以「y==1」的比例分割為學習專用要驗證專用資
料集。「f'fold_id: {fold_id}'」是 Python 3.6 開始採用的「f 字串」語法。一開始
先加上 f，變數可利用 {} 括起來，再放入字串之中。

```
1: from sklearn.model_selection import StratifiedKFold
2:
3:
4: cv = StratifiedKFold(n_splits=5, shuffle=True, random_state=0)
5: for fold_id, (train_index, valid_index) in enumerate(cv.split(X_train,
                                                            y_train)):
6:
7:     X_tr = X_train.loc[train_index, :]
8:     X_val = X_train.loc[valid_index, :]
9:     y_tr = y_train[train_index]
10:    y_val = y_train[valid_index]
11:
12:    print(f'fold_id: {fold_id}')
13:    print(f'y_tr y==1 rate: {sum(y_tr)/len(y_tr)}')
14:    print(f'y_val y==1 rate: {sum(y_val)/len(y_val)}')
```

上述的程式碼將 KFold 置換成 StratifiedKFold。第 4 行程式碼的分割設定使用了相同內容的參數。

第 5 行程式碼的內容有些變動，主要是 cv.split(X_train) 置換成 cv.split(X_train,y_train)。StratifiedKFold 會根據 y_train 分割資料集。

A.1.8　2.8「三個臭皮匠，勝過一個諸葛亮！」體驗集成學習

本節要利用 csv 檔案嘗試集成學習。

```
1: import pandas as pd
2:
3:
4: sub_lgbm_sk = \
5:     pd.read_csv('../input/submit-files/submission_lightgbm_skfold.csv')
6: sub_lgbm_ho = \
7:     pd.read_csv('../input/submit-files/submission_lightgbm_holdout.csv')
8: sub_rf = pd.read_csv('../input/submit-files/submission_randomforest.csv')
```

上述的程式碼使用了之前以隨機森林與 LightGBM 產生的 csv 檔案。第一步，先計算各預測值的相關性。

要計算相關性可使用 pandas.DataFrame.corr()。這個函數可幫我們計算同一個 pandas.DataFrame 之內的欄位的相關性，所以將各預測值存入 df 這個 pandas.DataFrame（圖 A.1）。

```
1: df = pd.DataFrame({'sub_lgbm_sk': sub_lgbm_sk['Survived'].values,
2:                     'sub_lgbm_ho': sub_lgbm_ho['Survived'].values,
3:                     'sub_rf': sub_rf['Survived'].values})
4: df.head()
```

	sub_lgbm_sk	sub_lgbm_ho	sub_rf
0	0	0	0
1	0	0	1
2	0	0	0
3	0	0	0
4	0	0	1

圖 A.1 df 的內容

```
1: df.corr()
```

執行 pandas.DataFrame.corr() 之後就開始計算欄位之間的相關性。

```
1: sub = pd.read_csv('../input/titanic/gender_submission.csv')
2: sub['Survived'] = sub_lgbm_sk['Survived']
3:                 + sub_lgbm_ho['Survived']
4:                 + sub_rf['Survived']
5: sub.head()
```

接下來要執行以多數決的方式決定預測值的集成學習。sub 的 Survived 代入了各 submit 的 Survived 總和。假設這些列全部為 1 就得到 3，若只有 sub_lgbm_sk 為 1 就只取得 1。

```
1: sub['Survived'] = (sub['Survived'] >= 2).astype(int)
2: sub.to_csv('submission_lightgbm_ensemble.csv', index=False)
3: sub.head()
```

上述的程式碼是利用多數決的方式決定最終的預測值（0 或 1）。假設每列的值大於 等於 2，最終的預測值就會是 1。

A.2

第 3 章　往 Titanic 的下個階段前進

A.2.1　3.1　操作多個表格

本節要說明的是有多個表格（多個 csv 檔案）的情況該如何處理。

大致的流程如下：

1　利用次要檔案計算

2　將利用次要檔案計算的結果併入主要檔案

```
1: import pandas as pd
2:
3:
4: application_train = \
5:     pd.read_csv('../input/home-credit-default-risk/application_train.csv')
6: application_train.head()
```

在此與第 2 章一樣，先載入 Pandas，再利用 pandas.read_csv() 將主要檔案 application_train.csv 存入 application_train。pandas.DataFrame.head() 可顯示前五列的內容。

```
1: bureau = pd.read_csv('../input/home-credit-default-risk/bureau.csv')
2: bureau.head()
```

接著將次要檔案的 bureau.csv 存入 bureau，再顯示開頭 5 列的資料。

```
1: previous_loan_counts = \
2:     bureau.groupby('SK_ID_CURR',
3:                     as_index=False)['SK_ID_BUREAU'].count().rename(
4:                         columns={'SK_ID_BUREAU': 'previous_loan_counts'})
5: previous_loan_counts.head()
```

上述的程式碼會計算在每個 SK_ID_CURR 出現的次數,再將 SK_ID_BUREAU 轉換成 previous_loan_counts 這個欄位名稱。這部分的處理較複雜,所以為大家依序說明。

pandas.DataFrame.groupby() 可用於統整具有相同的資料。第一個參數可指定要統整哪一欄的資料,在此指定為 SK_ID_CURR。

將 as_index 參數指定為 True,代表第 1 個參數指定的欄位是 index,若設定為 False,就不會是 index,此時 index 將是從 0 開始的連續編號。

到目前為止的處理已可針對 SK_ID_CURR 為相同值的資料 Aggregation(摘要)其他欄位。這次指定了 ['SK_ID_BUREAU'].count(),計算 SK_ID_BUREAU 的值的出現次數。

常用的 Aggregation 函數請參考表 A.1。

表 A.1 常用的 Aggregation 函數

函數	說明
count	計算出現次數
mean	計算平均值
var	計算變異數
std	計算標準差
max	計算最大值
min	計算最小值

pandas.Series.rename(columns={'SK_ID_BUREAU': 'previous_loan_counts'}) 的部分是將 SK_ID_BUREAU 這個欄位名稱轉換成 previous_loan_counts 的處理。pandas.DataFrame.rename() 可將轉換前與轉換後的字典指定給 columns 參數再變更欄位名稱。

```
1: application_train = pd.merge(application_train, previous_loan_counts,
2:                              on='SK_ID_CURR', how='left')
```

上述的程式碼合併了 application 與 previous_loadn_counts。pandas.merge() 的第 1 個與第 2 個參數分別指定了左側的 pandas.DataFrame 與右側的 pandas.DataFrame。on 參數指定的是以哪一欄為合併 Key,how 參數則指定合併方法。上述的程式碼分別指定為 SK_ID_CURR 與 left,意思是使用左側的 pandas.DataFrame 的 application_train 的 SK_ID_CIRR 合併。

合併前後的 pandas.DataFrame 請參考圖 A.2。由於 application_train 的欄數較多，所以只列出部分欄位。

application_train

	SK_ID_CURR	TARGET
0	100002	1
1	100003	0
2	100004	0
3	100006	0
4	100007	0

＋

previous_loan_counts

	SK_ID_CURR	previous_loan_counts
0	100001	7
1	100002	8
2	100003	4
3	100004	2
4	100005	3
5	100007	1

➡

合併後的 application_train

	SK_ID_CURR	TARGET	previous_loan_counts
0	100002	1	8.0
1	100003	0	4.0
2	100004	0	2.0
3	100006	0	NaN
4	100007	0	1.0

圖 A.2　合併前後的 pandas.DataFrame

```
application_train['previous_loan_counts'].fillna(0, inplace=True)
application_train.head()
```

previous_loan_counts 的遺漏值全部置換為 0。

A.2.2 3.2 操作影像資料

本節依照 PyTorch 提供的教材「TRAINING A CLASSIFIER」[87] 說明以 PyTorch 操作影像資料的程式碼。主要的流程如下：

1. 以小批次的方式操作影像的準備
2. 顯示以小批次的方式取得的影像

```
1: import torch
2: import torchvision
3: import torchvision.transforms as transforms
```

第 1 行的程式碼載入了 PyTorch 的 torch。torch 是類似 NumPy 的套件，常用於需要大量計算數據的影像資料處理。

第 2 行的程式碼載入了 torchvision 這個 PyTorch 影像相關資料集與模型的套件。

第 3 行的程式碼載入了 torchvison 影像轉換功能的 torchvision.transforms()，並且將這個套件點為 transforms。

```
 1: transform = transforms.Compose(
 2:     [transforms.ToTensor(),
 3:      transforms.Normalize((0.5, 0.5, 0.5), (0.5, 0.5, 0.5))])
 4:
 5: trainset = torchvision.datasets.CIFAR10(root='./data', train=True,
 6:                                         download=True, transform=transform)
 7: trainloader = torch.utils.data.DataLoader(trainset, batch_size=4,
 8:                                           shuffle=True, num_workers=2)
 9:
10: testset = torchvision.datasets.CIFAR10(root='./data', train=False,
11:                                        download=True, transform=transform)
12: testloader = torch.utils.data.DataLoader(testset, batch_size=4,
13:                                          shuffle=False, num_workers=2)
14:
15: classes = ('plane', 'car', 'bird', 'cat',
16:            'deer', 'dog', 'frog', 'horse', 'ship', 'truck')
```

上述的程式碼下載了「CIFAR10」[88] 這個帶有 10 種標籤的影像資料，以便作為學習專用與測試專用的資料使用。

影像資料以 numpy.ndarray 轉換成 (height,width,channel) 的格式。CIFAR10 的圖片都是長 32 像素 × 寬 32 像素的 RGB 值（3 種），所以會得到（32,32,3）的 numpy.ndarray。值為 0 ～ 255。

transforms.Compose() 在參數的列表指定處理後，可依序處理圖片。上述的程式碼是利用 transforms.ToTensor() 將 numpy.ndarray 轉換成 Tensor 這種資料類型。從 (height,width,channel) 依照「channel,height,width」的順序轉換，再以 255 除成 0 ～ 1 的值。接著利用 transforms.Normalize((0.5, 0.5, 0.5), (0.5, 0.5, 0.5)) 將 Tensor 的值轉換成 -1 ～ 1 的值。

transforms.Normalize() 的第 1 個參數與第 2 個參數指定了從 Tensor 減掉的值與除數。這次是減掉 0.5，所以得到 -0.5 ～ 0.5 之間的值，接著再以 0.5 除之，得到 -1 ～ 1 的值。

這次雖然是轉換成 -1 ～ 1 的值，但其實將學習專用資料集的 channel 的平均值與標準差指定給 transforms.Normalize() 的參數，藉此標準化的情況也很常見。

torchvision.datasets.CIFAR10() 是下載 CIFAR10 圖片的類別。download 參數可指定是否下載資料，若指定為 True，就會將圖片下載至以 root 參數指定的目錄。train 參數可指定是學習專用資料集還是測試資料，transform 參數可指定套用在圖片的處理。

torch.utils.data.DataLoader() 是以小批次的方式處理圖片的類別。在一般的學習裡，通常不會將所有圖片全丟進記憶體，所以通常會先決定一次要處理幾張圖片再開始計算。上述的程式碼將 batch_size 參數設定為 4，代表每次只處理 4 張圖片。第 1 個參數則用來指定資料集。將 shuffle 參數設定為 True，將隨機選出圖片處理，如果設定為 False，則依照資料集原本的順序挑出圖片。num_workers 參數可指定用於載入圖片的 CPU 核心數。

上述處理的 trainloader 可從 CIFAR10 的學習專用資料集隨機選出 4 張圖片，再將圖片與標籤輸出 DataLoader。

```
 1: import matplotlib.pyplot as plt
 2: import numpy as np
 3:
 4:
 5: def imshow(img):
 6:     img = img / 2 + 0.5
 7:     npimg = img.numpy()
 8:     plt.imshow(np.transpose(npimg, (1, 2, 0)))
 9:     plt.show()
10:
11:
12: dataiter = iter(trainloader)
13: images, labels = dataiter.next()
14:
15: imshow(torchvision.utils.make_grid(images))
16: print(' '.join('%5s' % classes[labels[j]] for j in range(4)))
```

上述的程式碼顯示了以 trainloader 輸出的 4 張圖片與標籤。

一開始先載入繪圖專用套件的 matplotlib.pyplot 與 numpy，並且將這兩個套件命名為 plt 與 np。

接著定義將輸入的 Tensor 當成圖片顯示的 imshow 函數。第 6 行程式碼進行了 與 transforms.Normalize((0.5, 0.5, 0.5), (0.5, 0.5, 0.5)) 相 反 的 計 算，也就是「以 2 除以 Tensor 再加上 0.5」的計算，將值還原為 0 ～ 1 的範圍。第 7 行則是將 Tensor 轉換成 numpy.ndarray。由於此輸入的 Tensor 已經轉換成 (channel,height,width) 的順序，所以第 8、9 行的程式碼再轉換成 (height,width,channe) 的順序，然後顯示為。

第 12、13 行的程式碼是從 trainloader 取得圖片與標籤。

第 15 行的程式碼是以 torchvision.utils.make_grid() 顯示圖片。

第 16 行的程式碼是將 4 個標籤合併為 1 個字串的處理。由於亂數種子 seed 沒有固定，所以資料集會隨機調動順序，因此顯示的字串可能會與本書或範例程式碼的字串

不同。由於輸出的字串是以 1 行的程式碼進行處理，而這個處理又很複雜，所以在此要拆成 4 個處理，然後依序說明。

第 1 個處理是 (j for j in range(4)) 的部分，意思是「（新的元素） for （代表各元素的變數） in （原始的元素集），也就是從原始的元素集依序取得元素的寫法，可依序取得 range(4) 這種「0,1,2,3」的元素集的值。假設寫成 (j *2 for j in range(4)) 則代表可取得「0,2,4,6」的值。

第 2 個處理是 ,'%5s' % classes[labels[j]]。意思是，根據在中央的 % 前面的格式，將後面的值植入字串。'%5s' 是最小字串長度為 5 的意思。如果字串比這個長度還短，就在前面填入空白字元。以程式碼的 (classes[labels[j]]for j in range(4)) 取得 4 個字串之後，若有字串不足 5 個字，就在前面填入空白字元。

第 3 個處理是 ' '.join()，也就是利用在 join 前面指定的間隔字元連結以參數傳入的字串。上述的程式碼是以半形空白字元為間隔字元，將 4 個字串合併成一個字串。

最後就是利用 print() 顯示合併完成的字串。

```
1: images.shape
```

上述的程式碼顯示了圖片的形狀。會以 torch.Size([4,3,32,32]) 的方式顯示，也可以看到 4 張圖片、三個色版（紅綠藍）、高 32 像素、寬 32 像素這類資料。

```
1: images[0]
```

上述的程式會顯示第 1 張圖片的資料。

A.2.3　3.3　操作文字資料

本節要將範例的文字資料以下列三種方法轉換成向量。

1　Bag of Words

2　TF-IDF

3　Word2vec

```
1: import pandas as pd
```

上述的程式碼以 pd 這個別稱載入了 pandas。

```
1: df = pd.DataFrame({'text': ['I like kaggle very much',
2:                             'I do not like kaggle',
3:                             'I do really love machine learning']})
4: df
```

上述的程式碼以 pandas.DataFrame() 建立了新的 pandas.DataFrame。圖 A.3
為顯示 df 之後的畫面。

text

0	I like kaggle very much
1	I do not like kaggle
2	I do really love machine learning

圖 A.3　df 的內容

```
1: from sklearn.feature_extraction.text import CountVectorizer
2:
3:
4: vectorizer = CountVectorizer(token_pattern=u'(?u)\\b\\w+\\b')
5: bag = vectorizer.fit_transform(df['text'])
6: bag.toarray()
```

上述的程式碼以「Bag of Words」的方法計算單字在句子裡出現的次數，再予以向
量化。

第 1 行程式碼先載入 sklearn 的 CountVectorizer()。

第 4 行的程式碼呼叫了 CountVectorizer()。參數 token_pattern 將計算單字的模
式指定為正規表示法，而程式碼指定的是處理的對象包含字串長度為 1 的單字。如果
不加上這行指定，就只會處理字串長度大於等於 2 的單字。

第 5 行的程式碼是以 vectorizer 計算 df 的 text 的單字次數，第 6 行則是將次數轉
換成 numpy.ndarray。

```
1: print(vectorizer.vocabulary_)
```

上述的程式碼是「vocabulary_」顯示與各 index 對應的單字。

```
 1: from sklearn.feature_extraction.text import CountVectorizer
 2: from sklearn.feature_extraction.text import TfidfTransformer
 3:
 4:
 5: vectorizer = CountVectorizer(token_pattern=u'(?u)\\b\\w+\\b')
 6: transformer = TfidfTransformer()
 7:
 8: tf = vectorizer.fit_transform(df['text'])
 9: tfidf = transformer.fit_transform(tf)
10: print(tfidf.toarray())
```

上述的程式碼以 TF-IDF 向量化句子。第 1、2 行的程式碼載入了 sklearn. feature_extraction.text 的「CountVectorizer」與「TfidfTransformer」。

第 5、6 行的程式碼則呼叫了 CountVectorizer 與 TfidTransformer。

第 8 行的程式碼則與先前一樣,先以 CountVectorizer() 學習,再將學習結果存入 tf,第 9 行則是利用 TfidfTransformer() 學習。

第 10 行的程式碼則是將 tfidf 轉換成 numpy.ndarray 再顯示內容。

```
 1: from gensim.models import word2vec
 2:
 3:
 4: sentences = [d.split() for d in df['text']]
 5: model = word2vec.Word2Vec(sentences, size=10, min_count=1, window=2, seed=7)
```

上述的程式碼以 word2vec 向量化句子。

第 1 行的程式碼先載入 word2vec。

第 4 行的程式碼利用「列表推導式」將 df 的 text 以空白字元為間隔放入列表,藉此建立新的列表。列表推導式的語法是「[(新列表的元素) for (代表列表各元素的變數) in (原始的列表)]」,用途在於建立新列表,所以上述的程式碼建立了下列的列表。

```
 1: [['I', 'like', 'kaggle', 'very', 'much'],
 2:  ['I', 'do', 'not', 'like', 'kaggle'],
 3:  ['I', 'do', 'really', 'love', 'machine', 'learning']]
```

第 5 行的程式碼則以 word2vec 進行學習。第 1 個參數指定了要學習的句子,size 參數則指定了要輸出的向量的維度,min_count 參數則指定了單字最低出現次數。window 參數指定了單字的前後數量,seed 參數指定了亂數種子的 seed。此外,在

使用 word2vec 的手法時，若指定了 seed，就不一定能確保重現性，每次的學習結果有可能都不同。

```
1: model.wv['like']
```

像這樣在「like」的位置輸入要學習的單字，就能將單字轉換成向量格式。

```
1: model.wv.most_similar('like')
```

1: model.wv.most_similar() 可顯示 10 個與第 1 個參數指定的單字類似的單字。

```
1: df['text'][0].split()
```

上述的程式碼以 str.split() 將 df['text'] 的第一個句子「I like kaggle very much」分割成「['I','like','kaggle','very','much']」。

```
1: import numpy as np
2:
3:
4: wordvec = np.array([model.wv[word] for word in df['text'][0].split()])
5: wordvec
```

上述的程式碼是以 word2vec 向量化每個單字，第 4 行的程式碼則利用 model.wv 依照「['I','like','kaggle','very','much']」的順序向量化，wordvec 則成為 5 列 10 欄的 numpy.ndarray。

```
1: np.mean(wordvec, axis=0)
```

上述的程式碼以 np.mean() 計算平均值。「axis=0」代表每欄的平均值。由於計算的是 5 列 10 欄的陣列，所以會得到欄位數為 10 的 numpy.ndarray。

```
1: np.max(wordvec, axis=0)
```

上述的程式碼以 np.max() 計算最大值。與剛剛一樣的是，這裡也以「axis=0」指定計算每欄的平均值，所以可得到欄位數為 10 的 numpy.ndarray。

結語

本書以 Python 參加了 Kaggle 的競賽。也透過適合初學者的教案 Titanic 了解 Kaggle 的基礎，讓大家擁有自行參賽的知識。

讀完本書之後，建議大家參加正在舉辦的獎牌賽，有機會的話，希望能在 Kaggle 的 Leaderboard 與大家相會。

謝辭

本書執筆之際，得到許多貴人幫助，藉這個機會，感謝幫忙審校的每個人。

感謝押條祐哉、中塚祐喜、大越拓實、菊池元太審校本書的內容與範例程式碼。這是 與筆者（石原）一同組成「[kaggler-ja]Wodori」，並於「PetFinder.my Adoption Prediction [11]」獲勝的四位團隊成員。大越先生為 Kaggle Grandmaster，押條先 生、中塚先生、菊池先生也擁有 Kaggle Master 的稱號，感謝他們願意一同討論本 書的內容。

- 押條祐哉（kaerururu）：https://www.kaggle.com/kaerunantoka
- 中塚祐喜（ynktk）：https://www.kaggle.com/naka2ka
- 大越拓實（takuoko）：https://www.kaggle.com/takuok
- 菊池元太（gege）：https://www.kaggle.com/gegege

感謝奧田繼範、aomomi 以初學者也能輕鬆讀懂的角度從筆者（村田）撰寫的 《Kaggle のチュートリアル》[7] 審校本書的內容與程式碼。

- 奧田継範さん（rakuda）：https://www.kaggle.com/rakuda1007
- aomomi（Momijiaoi）：https://www.kaggle.com/sorataro

在此由衷感謝他們的幫忙。

索 引

Kaggle 大師教您用 Python 玩資料科學,比賽拿獎金

作　　者:石原祥太郎 / 村田秀樹
譯　　者:許郁文
企劃編輯:莊吳行世
文字編輯:詹祐甯
設計裝幀:張寶莉
發 行 人:廖文良

發 行 所:碁峰資訊股份有限公司
地　　址:台北市南港區三重路 66 號 7 樓之 6
電　　話:(02)2788-2408
傳　　真:(02)8192-4433
網　　站:www.gotop.com.tw
書　　號:ACD021100
版　　次:2021 年 04 月初版
建議售價:NT$480

國家圖書館出版品預行編目資料

Kaggle 大師教您用 Python 玩資料科學,比賽拿獎金 / 石原祥太郎, 村田秀樹原著;許郁文譯. -- 初版. -- 臺北市:碁峰資訊, 2021.04
　　面;　　公分
　　ISBN 978-986-502-768-1(平裝)
　　1.機器學習　2.資料探勘　3.Python(電腦程式語言)
312.831　　　　　　　　　　　　　　　　110003460

讀者服務

● 感謝您購買碁峰圖書,如果您對本書的內容或表達上有不清楚的地方或其他建議,請至碁峰網站:「聯絡我們」\「圖書問題」留下您所購買之書籍及問題。(請註明購買書籍之書號及書名,以及問題頁數,以便能儘快為您處理)
http://www.gotop.com.tw

● 售後服務僅限書籍本身內容,若是軟、硬體問題,請您直接與軟體廠商聯絡。

● 若於購買書籍後發現有破損、缺頁、裝訂錯誤之問題,請直接將書寄回更換,並註明您的姓名、連絡電話及地址,將有專人與您連絡補寄商品。